Kohlhammer

Jan Ole Unger
Nils Beneke
Klaus Thrien

Hubrettungsfahrzeuge

Ausbildung und Einsatz

4., überarbeitete Auflage

Verlag W. Kohlhammer

Dieser Titel ist auch in der BRANDSchutz-App als elektronische Ausgabe erhältlich. Weitere Informationen unter *www.kohlhammer-feuerwehr.de*.

4., überarbeitete Auflage 2021

Umschlagbild: Michael Arning, Hamburg
Gesamtherstellung: W. Kohlhammer GmbH, Heßbrühlstr. 69, 70565 Stuttgart
produktsicherheit@kohlhammer.de

Print:
ISBN 978-3-17-040615-5

E-Book-Formate:
pdf: ISBN 978-3-17-040617-9
epub: ISBN 978-3-17-040618-6

Für den Inhalt abgedruckter oder verlinkter Websites ist ausschließlich der jeweilige Betreiber verantwortlich. Die W. Kohlhammer GmbH hat keinen Einfluss auf die verknüpften Seiten und übernimmt hierfür keinerlei Haftung.

Inhaltsverzeichnis

Vorwort

Die Hauptaufgabe der Feuerwehren ist die Rettung von Menschen aus Gefahren. Hierzu werden in Deutschland seit mehr als 200 Jahren auch Drehleitern eingesetzt. Der »Musterausbildungsplan für die Aus- und Fortbildung an Hubrettungsfahrzeugen« der Projektgruppe Feuerwehr-Dienstvorschriften bildet die Grundlage für eine einheitliche und rechtssichere Ausbildung der Besatzungen von Drehleitern und Hubarbeitsbühnen in Deutschland. Die Initiative für den Musterausbildungsplan mit seinen Inhalten für einen 35-stündigen Lehrgang, ging bereits 2007 von uns Autoren aus, 2012 wurde er schließlich veröffentlicht. Ein Fachbuch, welches die Entwicklung der Hubrettungsfahrzeuge, das Baurecht, die Fahrzeugtechnik und vor allem die speziellen Einsatzgrundsätze für Hubrettungsfahrzeuge behandelt – also die Inhalte des Musterausbildungsplans komplett abbildet – gab es im deutschsprachigen Raum nicht. Diese Lücke wollen wir mit der nunmehr vierten Auflage schließen.

Wir wollen mithilfe dieses Fachbuches angehenden und erfahrenen Maschinisten sowie Einheitsführern von Hubrettungsfahrzeugen und Einsatzleitern ein Werkzeug an die Hand geben, um ihr Hubrettungsfahrzeug im Einsatz sicher zu beherrschen. Ein Kernelement ist das von uns entwickelte »Einsatzschema für Hubrettungsfahrzeuge« mit der bekannten HAUS-Regel.

Wir möchten uns an dieser Stelle ganz herzlich bei unseren Familien bedanken, durch deren Unterstützung die Arbeit an diesem Buch erst möglich wurde. Ebenso gilt der Dank unseren Freunden und den vielen Lesern des Ausbildungs- und Informationsportals www.drehleiter.info, die uns mit tollem Bildmaterial versorgt haben, mit denen wir zum Teil kontrovers diskutiert haben und durch die wir unsere eigene Meinung immer wieder reflektieren konnten. Des Weiteren bedanken wir uns bei den Fahrzeugherstellern Gimaex in Wilnsdorf, Magirus in Ulm und Rosenbauer in Karlsruhe, die uns unbürokratisch diverse Unterlagen und Bildmaterial zur Verfügung gestellt haben. Ein ganz besonderes »Dankeschön!« geht für die große Unterstützung bei der Erstellung dieses Buches an:

Thomas Böhm (BF Hannover),
Matthias Bunzel (Niedersächsisches Landesamt für Brand und Katastrophenschutz),
Manfred Gihl (Feuerwehrhistoriker Hamburg),
Lars van den Hoogen (FF Lilienthal),
Alexander Hühn (Magirus GmbH)
Sven Kohlrusch (FF Hamburg),

Marc Köppelmann (†),
Jens Krause (BF Hamburg),
Thomas Krohn (BF Hannover),
Achim Lucé (BF Hannover),
Jens Meyer (FF Enger),
Jörg Riedel (Butzbach),
Michael Rose (BF Hamburg),
Ture Schönebeck (Lilienthal)
Jörg Thöne (BF Hannover),
Axel Varrelmann (BF Hamburg),
Niels Walle (FF Lüneburg),
Robert Zindler (WF Fraport AG).

Wir freuen uns über Anregungen, Hinweise und Kritik. Ein Kontakt zu uns ist über die Internetseite www.drehleiter.info jederzeit möglich. Wir wünschen viel Freude bei der Lektüre – und viel neues Wissen.

Jan Ole Unger, Nils Beneke und Klaus Thrien
Hamburg, Hannover und Paderborn, im Juli 2021

1 Einführung

Dieses Fachbuch soll einerseits ein praxisorientiertes Lehrbuch für Maschinisten für Hubrettungsfahrzeuge und Führungskräfte, die ein Hubrettungsfahrzeug einsetzen, sein. Andererseits soll es als ein Nachschlagewerk dienen, um aufkommende Fragen zügig und fachgerecht klären zu können. Sie werden deshalb in diesem Buch immer wieder auf verschiedene Kästen stoßen. Diese Kästen beinhalten wichtige Informationen oder praktische Tipps, welche die Ausbildung und den Einsatz mit Hubrettungsfahrzeugen erleichtern bzw. sicherer machen.

Praxis-Tipp:

In diesen Kästen werden Tipps wiedergegeben, die sich in der Praxis als sinnvoll herausgestellt haben und helfen, den Einsatz zu vereinfachen.

Merke:

In diesen Kästen werden Hinweise gegeben, die ein Maschinist für Hubrettungsfahrzeuge verinnerlichen sollte. Sie sollen eine Hilfestellung für standardisierte und sichere Handlungsweisen der Einsatzkräfte sein.

Achtung:

In diesen Kästen werden Warnhinweise gegeben. Ein Verstoß dagegen kann die Sicherheit der Einsatzkräfte, der zu rettenden Menschen und des Hubrettungsfahrzeugs gefährden.

Drehleiter

Hubarbeitsbühne

Mit diesen Symbolen werden prägnante Unterschiede zwischen den verschiedenen Hubrettungsfahrzeugen Drehleiter und Hubarbeitsbühne herausgestellt oder Alleinstellungsmerkmale des jeweiligen Hubrettungsfahrzeugs verdeutlicht.

In diesen Kästen werden Definitionen und Hintergrundinformationen wiedergegeben, besondere Ereignisse und Praxisbeispiele geschildert und andere Fachleute zitiert.

Für ein besseres Verständnis des Buches und der Einfachheit halber wird für die Anwender nur der Begriff »Maschinist für Hubrettungsfahrzeuge« verwendet. Selbstverständlich sind aber alle Maschinisten von Hubrettungsfahrzeugen, egal ob sie Drehleitern oder Hubarbeitsbühnen bedienen, unabhängig davon ob sie männlichen oder weiblichen Geschlechts sind, mit diesem Begriff gemeint.

2 Entwicklung

Die ersten Drehleitern wurden zu Beginn des 19. Jahrhunderts entwickelt. Am 2. Mai 1802 stellte der Konservator des Pariser Artilleriezentraldepots, Edouard Regnier, eine von ihm entworfene fahr-, dreh- und ausziehbare Feuerleiter vor.

Zunächst nur als Holzmodell präsentiert, wurde seine revolutionäre Idee nach Bewilligung von Finanzmitteln in Originalgröße gebaut. Die erste Drehleiter der Welt erreichte eine Höhe von 15,85 Metern und konnte von zwei Feuerwehrmännern in vier Minuten vollständig ausgezogen und somit einsatzbereit gemacht werden.

Die erste deutsche Drehleiter wurde im Jahr 1808 von dem Lienzinger Wagnermeister Andreas Scheck gebaut und an die Stadt Knittlingen geliefert.

Bild 1: ***Holzmodell der weltweit ersten Drehleiter. Das gezeigte Modell steht im Feuerwehrmuseum in München. (Bild: Archiv M. Gihl)***

Die »Knittlinger Leiter« war eine zweiteilige Schiebleiter, die auf einem vierrädrigen Wagen, der für Pferdezug ausgelegt war, aufgebaut wurde. Der Drehkranz, mit dem die Unterleiter verbunden war, war über der Vorderachse angeordnet. Die Leiter wurde zur Hinterachse hin abgelegt. Dieses Prinzip wird heute noch bei so genannten »Mid-Mount Aerials« und »Tiller Ladders« nordamerikanischer Drehleiterhersteller verwendet. Das Aufrichten der Leiter wurde durch Stützstangen ermöglicht, die am Kopf der Leiter befestigt waren. Die Leiter konnte dann mittels Kurbelbetrieb über eine Seilwinde auf eine Länge von etwa elf Metern ausgezogen werden. Bis 1948 – 140 Jahre nach Indienststellung – war die »Knittlinger Leiter« im Dienst der Feuerwehr Knittlingen. Sie wird heute im Deutschen Feuerwehr-Museum in Fulda für die Nachwelt erhalten.

Als einer der wichtigsten Konstrukteure und Erfinder von technischen Details rund um die Drehleitern gilt zweifelsohne Conrad Dietrich Magirus. Der Kommandant der Ulmer Feuerwehr vertrat in seinem 1877 erschienenen Werk »Das Feuerlöschwesen in allen seinen Theilen« die These, dass nur eine ausziehbare Leiter, die auch im Freistand bestiegen werden könne, zur Verbesserung eines Löscherfolges bei der Brandbekämpfung beitragen würde. Bereits fünf Jahre zuvor hatte Magirus eine Leiter gebaut, die diesen Ansprüchen gerecht wurde: die so genannte »Ulmer Leiter«. 1904 entwickelte Magirus gemeinsam mit seinen Ingenieuren die erste vollmaschinell dampfbetriebene Drehleiter der Welt. Diese für die Feuerwehr Köln bestimmte Drehleiter hatte eine Steighöhe von 22 Metern und besaß drei Dampfmaschinen: eine für den Antrieb der Hinterräder und jeweils eine für das Aufricht- und Auszugsgetriebe.

Vor Beginn des Ersten Weltkrieges wurde bei der »Carl Metz Feuerwehrgerätefabrik« in Karlsruhe begonnen, Drehleitern mit automatischem Leitergetriebe zu konstruieren. Eine Kippsicherung wurde bei diesem Modell über eine mechanische Waage im Aufrichtegestell erreicht. Dieses Prinzip wurde von Metz im Grundsatz bis 1993 in allen Drehleitern angewendet.

In den 1930er-Jahren ersetzten geschweißte Stahlleitersätze die bisher verwendeten Holzleitersätze. Die Drehleitern wurden größer, es wurden bei einigen Modellen Steighöhen von 46 Metern erreicht.

Nach dem Zweiten Weltkrieg waren viele Feuerwehrfahrzeuge zerstört oder von den Siegermächten requiriert worden. Eine Neubeschaffung von Drehleitern bei den Feuerwehren begann aufgrund fehlender Finanzmittel zum Teil nur sehr zögerlich. Im Jahr 1957 erschien die erste Nachkriegsnorm für Drehleitern, die DIN 14701 »Kraftfahr-Drehleitern«. Man unterschied nur noch handbetätigte und maschinell betätigte Drehleitern.

Als wesentliche Weiterentwicklung im Drehleiterbau kann die Einführung der Rettungskörbe angesehen werden. 1965 stattete Magirus seine Drehleitern mit einem an der Leiterspitze einzuhängenden Korb aus, mit dem die Rettung gehunfähiger Personen aus oberen Geschossen ermöglicht werden sollte. Auch wenn Metz bereits in den 1930er-Jahren mit Körben, die zum Teil unter der Leiterspitze an Drahtseilen hängend befestigt waren, experimentierte, legte sich der Karlsruher Drehleiter- Hersteller erst 1967 auf das System eines auf der Leiterspitze stehenden zwangsgesteuerten Rettungskorbes fest.

Bild 2: ***Die hydraulische Schrägabstützung (rechts) ermöglichte eine größere seitliche Ausladung des Leitersatzes als die senkrechte Spindelabstützung (Bild: Archiv M. Gihl)***

Die Fallhaken, die ein Nachsacken des Leitersatzes verhinderten, verschwanden und wurden durch zwei voneinander unabhängige Sicherheitseinrichtungen ersetzt, die jeweils eigenständig die Leiter in ihrer Stellung halten mussten.

Die manuellen Fallspindeln, die bisher die Abstützung bei Drehleitern darstellten, wurden durch die hydraulische Schrägabstützung ersetzt. Diese Abstützform wurde von Magirus und Metz gleichermaßen übernommen, sie sicherte durch die über die

Fahrzeugbreite hinausragenden Stützbalken ein größeres Benutzungsfeld, als es mit Fallspindelabstützung erreichbar war. So konnte die Drehleiter bei wesentlich größerer Ausladung des Hubrettungsauslegers noch im Freistand bestiegen werden.

Bereits 1957 wurde die damals größte Drehleiter der Welt, eine Metz DL 60+ 2, auf einem Kaelble-Fahrgestell nach Moskau geliefert. 1966 diskutierten Hamburgs damaliger Oberbranddirektor Hans Brunswig und Vertreter von Metz die Machbarkeit einer DL 75. Diese wurde allerdings nie realisiert.

1972 verabschiedete sich Metz bei der DL 30 von der bis dahin bei beiden Drehleiter-Herstellern zu findenden Schrägabstützung und führte das bis heute verwendete System der Waagerecht-Senkrecht-Abstützung ein, welches eine variable Abstützbreite ermöglicht.

Da die Drehleiter-Fahrzeuge in ihrer Bauhöhe mit zunehmender Entwicklung immer größer wurden (um 1920 ca. 2,70 m Höhe, 1970 ca. 3,25 m Höhe) wurde Mitte der 1970er-Jahre bei Magirus in Ulm damit begonnen, eine Drehleiter zu entwickeln, die diesen Trend stoppen sollte. Die Norm für Hubrettungsfahrzeuge gab und gibt eine maximale Bauhöhe von 3,30 m vor.

Im Jahr 1979 wurden der Feuerwehr München zwei Versuchsfahrzeuge der so genannten »niedrigen Bauart« (Kürzel »n. B.«) übergeben, welche eine Gesamthöhe von nur 2,83 m aufwiesen. Bei diesem Fahrzeug wurden erstmalig das so genannte Vario-Drehgetriebe und eine neue in der Breite variable X-Abstützung verbaut. Magirus bezeichnete diese Abstützform als »Vario-Abstützung«. Metz hingegen ging einen anderen Weg, um die Bauhöhe der Fahrzeuge zu reduzieren. Bei den Karlsruher Drehleitern wurde der Drehkranz mittig auf dem Fahrzeug angeordnet und der Leitersatz dann nach hinten abgelegt (vgl. »Knittlinger Leiter«). Es entstand die SE-Baureihe, wobei das Kürzel »SE« für Soforteinstieg stand.

Die DIN 14701 wurde 1978 und 1980 überarbeitet, erweitert und der Begriff »Hubrettungsfahrzeuge« wurde eingeführt. Auch die Nomenklatur änderte sich. Man ging von der klassischen Bezeichnung der Steighöhe weg und bezog sich stattdessen auf die Nennrettungshöhe und die Nennausladung. Die Hubrettungsfahrzeuge wurden somit als Drehleiter mit Rettungskorb »DLK« oder als Drehleiter ohne Rettungskorb »DL« mit der Nennrettungshöhe von 23 Meter bei einer seitlichen Nennausladung von zwölf Metern bezeichnet. Die 23 Meter Nennrettungshöhe ergeben sich dabei aus der baurechtlichen Hochhausgrenze (22 Meter Fußbodenhöhe über der Geländeoberfläche, zuzüglich einem Meter Brüstungshöhe).

Viele Jahre gab es in Deutschland ausschließlich Drehleitern der beiden Hersteller Magirus und Metz. Dies änderte sich 1987, als der Feuerwehrgerätehersteller Ziegler in Kooperation mit dem französischen Drehleiter-Hersteller Camiva die erste Drehleiter nach Meersburg auslieferte. Die Kooperation zwischen Ziegler und Camiva hielt bis Ende der 1990er-Jahre. Heute gehört Camiva zum Iveco-Konzern und führt die Endmontage der in Ulm gebauten Drehleitern für den französischsprachigen Markt durch. Auch der zweite französische Drehleiter-Hersteller Riffaud versuchte in Deutschland Fuß zu fassen, konnte allerdings in den 1990er-Jahren lediglich vier vollautomatische Drehleitern verkaufen.

Ende der 1980er-Jahre wurden bei den beiden deutschen Drehleiter-Herstellern Stülpkörbe (Magirus), beziehungsweise Klappkörbe (Metz) eingeführt. Der Überhang über die Leiterspitze in den Verkehrsraum und das zeitintensive nachträgliche Einhängen des Korbes im Einsatzfall gehörten damit der Vergangenheit an. Die Rettungskörbe beider Hersteller wurden in den Folgejahren weiterentwickelt und von einer Nutzlast von 180 Kilogramm (zwei Personen) auf 270 Kilogramm (drei Personen) Nutzlast aufgewertet.

Kurz nach der Einführung der über den Leitersatz klappenden Rettungskörbe stellten Magirus (Interschutz 1988) und Metz (Deutscher Feuerwehrtag 1990) elektronisch überwachte Drehleitern der Öffentlichkeit vor. Magirus nannte sein System »Computer Controlled« (CC). Bei Metz hieß die Überwachung »Program Logic Control« (PLC).

Im Jahr 1989 wurde die Norm für Hubrettungsfahrzeuge erneut überarbeitet und in drei Teile aufgegliedert. Es wurden dabei drei verschiedene Nennreichweiten festgeschrieben: 23-12, 18-12 und 12-9.

Nach der deutschen Wiedervereinigung wurde der ehemalige Volkseigene Betrieb (VEB) Feuerlöschgerätewerk Luckenwalde privatisiert. Die Drehleiter-Produktion wurde auch in der neuen GmbH weitergeführt. Zunächst wurden die in der DDR bewährten Drehleiter-Komponenten auf Mercedes-Fahrgestellen aufgebaut. Innerhalb von nur drei Jahren entwickelten die Luckenwalder dann eine eigene computergestützte Drehleiter, die DLK 23-12 CIR. Das Kürzel »CIR« steht dabei für »Computer Integrierte Rettung«. Erstmalig wurde ein Bedienkonzept mit LCD-Farbdisplay verbaut. 1993 wurde die erste Drehleiter dieses Typs an die Feuerwehr Teterow (Mecklenburg-Vorpommern) geliefert. Im Jahr 1995 musste die FGL GmbH dann Insolvenz anmelden. Metz übernahm die Produktionsstätten in Luckenwalde und stellte die Herstellung der FGL-Drehleitern nach insgesamt nur 16 Auslieferungen ein.

1994 wurde bei der Interschutz in Hannover von Magirus eine »Weltneuheit«[1] präsentiert, die DLK 23-12 CC GL. Die Bezeichnung »GL« steht dabei für »Gelen-

1 Seit den 1980er-Jahren baute der kanadische Feuerwehrfahrzeug-Hersteller Camions Pierre Thibault Inc. Gelenkdrehleitern des Typs »Sky Arm« nach dem gleichen Prinzip. 1991 übernahm die neugegründete Nova Quintech Corp. die Produktion. Seit 1997 baut der US-Feuerwehrfahrzeug-Hersteller Pierce den Typ »Sky Arm«.

kleiter«. Nur neun Jahre später ging das 250. Fahrzeug mit Gelenk im Leitersatz an die Feuerwehr Gosheim (Baden-Württemberg). Seit dem Jahr 2006 bietet Magirus auch ein auf 4,70 m teleskopierbares Gelenkteil an, um die maximale Rettungs- und Arbeitshöhe zu vergrößern.

2007 gingen auch die Karlsruher Drehleiterhersteller von Metz Aerials dazu über, Drehleitern mit einem Gelenkteil zu produzieren. Das erste Fahrzeug dieser Baureihe wurde im September 2007 beim 5. Technikseminar der Feuerwehr Hamburg der Öffentlichkeit vorgestellt.

Im Jahr 2002 brachte Magirus eine Weiterentwicklung seiner computergesteuerten Drehleiter auf den Markt. CS ersetzte CC, anstatt »Computer Controlled« hieß es nunmehr »Computer Stabilized«. Das neu entwickelte Computersystem erkennt das Auftreten von Schwingungen des Hubrettungsauslegers. Es berechnet diese und regelt den hydraulischen Zufluss in die Aufrichtezylinder so präzise, dass aufgetretene Schwingungen innerhalb kürzester Zeit abgefangen werden. Ein neu konzipierter Drei-Personen-Rettungskorb (Nutzlast 270 Kilogramm) mit zwei auf den vorderen Ecken befindlichen Einstiegen wurde ab der Baustufe CS ebenfalls angeboten. Seit 2004 bot auch Metz einen neuen Rettungskorb an, der die Vorzüge der über Eck angeordneten Einstiege beinhaltete.

Mit der Einführung der Norm DIN EN 14043 »Hubrettungsfahrzeuge für die Feuerwehr – Drehleiter mit kombinierten Bewegungen (Automatik-Drehleitern)« sowie der DIN EN 14044 »Hubrettungsfahrzeuge für die Feuerwehr – Drehleiter mit aufeinander folgenden (sequenziellen) Bewegungen (Halbautomatik-Drehleitern)« können seit dem 1. Januar 2006 nunmehr unterschiedliche Drehleitertypen beschafft werden. Außer den bisher bekannten Drehleitern mit drei gleichzeitig möglichen Bewegungen, können nun auch sequenziell zu steuernde Drehleitern beschafft werden. Bei diesen Drehleitern kann immer nur eine Bewegung ausgeführt werden, d. h., der Leitersatz kann immer nur nacheinander aufgerichtet, gedreht und ausgefahren werden. Die Kurzbezeichnungen für Drehleitern änderten sich ebenfalls mit der Einführung der neuen Normen. Wurde eine Drehleiter mit einem 30 Meter langen Leitersatz bisher als DLK 23-12 bezeichnet, hieß sie nun DLA (K) 23/12 bzw. DLS (K) 23/12; das »A« steht dabei für »automatisch«, das »S« für »sequenziell«.

Bereits ein Jahr zuvor (in 2005) wurde die DIN EN 1777 »Hubrettungsfahrzeuge für Feuerwehren und Rettungsdienste, Hubarbeitsbühnen (HABn) – Sicherheitstechnische Anforderungen und Prüfung« veröffentlicht. Diese ersetzte den Teil der DIN 14701, in dem die Anforderungen an Teleskop- und Gelenkmaste beschrieben waren.

Nachdem sich Magirus und Metz viele Jahre den deutschen Drehleiter-Markt teilten und Camiva im Iveco-Konzern aufgegangen war, trat der französische

Drehleiter-Hersteller Riffaud als Teil des Gimaex-Konzerns 2006 nach zwölfjähriger Abwesenheit[2] wieder in den Markt für Hubrettungsfahrzeuge ein. Eine erste Drehleiter DLA (K) 18/12 wurde nach Thüringen geliefert.

Während der Fachmesse INTERSCHUTZ 2010 in Leipzig präsentierten die Drehleiter-Hersteller einige Neuerungen. Gimaex, Metz Aerials und Iveco-Magirus zeigten neue Vier-Personen-Rettungskörbe.

Metz Aerials präsentierte zudem ein neuartiges hydraulisches Schwingungsdämpfungssystem für deren Drehleitern. Magirus zeigte eine Drehleiter mit einer Arbeitshöhe von 60 Metern und entwickelte die DLA (K) 23/12 CS GL weiter. Anstelle eines fünfteiligen Leitersatzes verfügt das Fahrzeug nun über einen vierteiligen Leitersatz, der mittels einer speziellen Kinetik ausgeschoben wird.

2012 wurde von Metz Aerials eine neue Gelenk-Drehleiter mit kompakterem Leitersatz präsentiert, die Kinematik des Gelenkteils wurde dabei neu konstruiert. Metz nennt diese Baureihe XS.

2013 wurden durch Gimaex gleich zwei Neuheiten auf den Markt gebracht, eine besonders kompakte Drehleiter DLA (K) 23/12 mit fünfteiligem Leitersatz und kurzem Radstand für eine gute Wendigkeit. Weiterhin wurde auch eine Drehleiter mit vierteiligem Leitersatz, wobei die Oberleiter als abwinkelbarer Einzelauszug genutzt werden kann, vorgestellt.

2014 hat Magirus ein neuartiges System für die Rettung schwergewichtiger Personen präsentiert. Der so genannte Rescue Loader kann anstelle des Rettungskorbes an der Leiterspitze adaptiert werden, um dort eine Schwerlast-Schleifkorbtrage daran zu befestigen. Mithilfe einer Fernsteuerung kann der Rescue Loader gesteuert werden. Ebenfalls wurde bei Magirus ein neues Design für die Drehleitern gezeigt.

Während der INTERSCHUTZ 2015 in Hannover wurden von den Herstellern von Hubrettungsfahrzeugen mehrere Innovationen präsentiert. Metz, seit der INTERSCHUTZ zu Rosenbauer Karlsruhe umfirmiert, zeigte einen neuen Rettungskorb mit einer Nutzlast von bis zu 500 kg. Der Korb kann an der Frontseite durch Entnahme aller Umwehrungsteile komplett geöffnet werden. Somit kann auch eine Krankentragenlagerung nunmehr auf dem Korbboden fixiert werden. Dies ermöglicht eine größere Nutzlast für die Rettung von adipösen Patienten.

Magirus zeigte außer einem neuen Design für den europäischen Markt innovative Sicherungssysteme für das Zurückhalten im Korb. Zudem wurde ein Absturzsiche-

---

2 Im Jahr 1994 wurde die bis dahin letzte Riffaud-DLK 23-12 an die Feuerwehr Bad Friedrichshall ausgeliefert.

rungssystem für die zeitgleiche mehrfache Top-Rope-Absturzsicherung gezeigt. Dieses System kann an der Leiterspitze anstelle des Korbes zugerüstet werden.

Anfang 2018 wurde die DIN 14701-1 veröffentlicht, die als deutsche Norm die europäische DIN EN 1777 Hubarbeitsbühnen (HAB) für Feuerwehren und Rettungsdienste ergänzt. In dieser Norm werden weitergehende Anforderungen an die jetzt Teleskopgelenkmaste (TGM) bezeichneten Hubarbeitsbühnen dokumentiert.

3 Vorbeugender baulicher Brandschutz

In diesem Kapitel werden die Flächen für die Feuerwehr und der Zweite Rettungsweg aus der Sicht des Vorbeugenden Brandschutzes dargestellt.

Der Vorbeugende Brandschutz soll der Entstehung von Bränden in baulichen Anlagen und der Ausbreitung von Feuer und Rauch vorbeugen, die Rettung von Menschen und Tieren erleichtern sowie wirksame Löschmaßnahmen unterstützen. Die Länder schaffen dafür mit den Landesbauordnungen den rechtlichen Rahmen. Darin werden auch die notwendigen Rettungsgeräte – wie Hubrettungsfahrzeuge – und die dafür erforderlichen Aufstellflächen definiert. Die Kenntnis dieser Rechtsnormen und technischen Regeln ist wichtig für die Feuerwehr, um bei der Ausbildung und im Einsatz an entsprechenden Objekten Mängel zu erkennen und diese rechtzeitig beseitigen zu lassen.

Die Bauordnungen der Länder unterscheiden sich voneinander, weshalb in diesem Buch die Musterbauordnung (MBO) zitiert wird, auch wenn die MBO keine Rechtsvorschrift im eigentlichen Sinne ist, sondern eine Empfehlung der ARGEBAU (Arbeitsgemeinschaft der Bauminister der Länder). Um das rechtliche Verständnis zu vertiefen, wird empfohlen, sich mit den spezifischen Landesregelungen auseinanderzusetzen und gegebenenfalls Referenten der zuständigen Baugenehmigungsbehörde in die Feuerwehr-Standortausbildung mit einzubeziehen.

In den folgenden Unterkapiteln werden die Paragrafen 5 und 33 MBO und die für den Einsatz von Hubrettungsfahrzeugen notwendigen Inhalte der DIN 14090 »Flächen für die Feuerwehr auf Grundstücken« erläutert.

3.1 Flächen für die Feuerwehr

Damit im Brandfall alle Objekte, bei denen der Zweite Rettungsweg über ein Hubrettungsfahrzeug oder andere Leitern der Feuerwehr gewährleistet werden muss, auch erreicht werden können und eine tragfähige Aufstellfläche für das Hubrettungsfahrzeug gewährleistet ist, fordert Paragraf 5 MBO bestimmte Maßnahmen. Die DIN 14090 beschreibt Anforderungen für die Ausgestaltung der für die Feuerwehr vorgeschriebenen Flächen. Diese Norm stellt dabei allerdings lediglich eine allgemein anerkannte Regel der Technik dar. Die ARGEBAU hat zudem noch die »Muster-Richtlinien über Flächen für die Feuerwehr« veröffentlicht.

Merke:

Zu den Landesbauordnungen kann es je nach Bundesland Durchführungsverordnungen für die Ausgestaltung der Flächen für die Feuerwehr geben, welche von der DIN 14090 erheblich abweichen können.

Musterbauordnung § 5: Zugänge und Zufahrten auf den Grundstücken

(1) Von öffentlichen Verkehrsflächen ist insbesondere für die Feuerwehr ein geradliniger Zu- oder Durchgang zu rückwärtigen Gebäuden zu schaffen; zu anderen Gebäuden ist er zu schaffen, wenn der zweite Rettungsweg dieser Gebäude über Rettungsgeräte der Feuerwehr führt. Zu Gebäuden, bei denen die Oberkante der Brüstung von zum Anleitern bestimmten Fenstern oder Stellen mehr als acht Meter über Gelände liegt, ist in den Fällen des Satzes 1 anstelle eines Zu- oder Durchgangs eine Zu- oder Durchfahrt zu schaffen. Ist für die Personenrettung der Einsatz von Hubrettungsfahrzeugen erforderlich, sind die dafür erforderlichen Aufstell- und Bewegungsflächen vorzusehen. Bei Gebäuden, die ganz oder mit Teilen mehr als 50 Meter von einer öffentlichen Verkehrsfläche entfernt sind, sind Zufahrten oder Durchfahrten nach Satz 2 zu den vor und hinter den Gebäuden gelegenen Grundstücksteilen und Bewegungsflächen herzustellen, wenn sie aus Gründen des Feuerwehreinsatzes erforderlich sind.

(2) Zu- und Durchfahrten, Aufstellflächen und Bewegungsflächen müssen für Feuerwehrfahrzeuge ausreichend befestigt und tragfähig sein; sie sind als solche zu kennzeichnen und ständig freizuhalten; die Kennzeichnung von Zufahrten muss von der öffentlichen Verkehrsfläche aus sichtbar sein. Fahrzeuge dürfen auf den Flächen nach Satz 1 nicht abgestellt werden.

Das nationale Vorwort der Norm für Drehleitern weist den Anwender darauf hin, dass länderspezifische Vorgaben des Baurechts hinsichtlich der Flächen für die Feuerwehr auf Grundstücken sowie die DIN 14090 »Flächen für die Feuerwehr auf Grundstücken« gelten. Dies wiederum hat Auswirkungen auf die Konstruktion von Hubrettungsfahrzeugen, zum Beispiel hinsichtlich Abmessungen, Fahrzeuggesamtmasse und Achslasten. Die DIN 14090 unterscheidet:

- Zugänge,
- Zufahrten,
- Aufstellflächen,
- Bewegungsflächen.

Zugänge

Zugänge sind Flächen auf dem Grundstück, die Grundstücksteile mit der öffentlichen Verkehrsfläche verbinden. Sie können auch überbaut sein (Durchgänge). Sie dienen zum Erreichen von Stellflächen mit Rettungs- und Löschgeräten.

Zufahrten

Zufahrten sind befestigte Flächen auf dem Grundstück, die mit der öffentlichen Verkehrsfläche direkt in Verbindung stehen. Sie können überbaut sein (Durchfahrten). Sie dienen zum Erreichen von Aufstell- und Bewegungsflächen mit Feuerwehrfahrzeugen. Zufahrten sind durch Hinweisschilder »Feuerwehrzufahrt« nach DIN 4066 zu kennzeichnen.

Aufstellflächen

Nicht überbaute befestigte Flächen auf dem Grundstück, die mit der öffentlichen Verkehrsfläche direkt oder über Zufahrten in Verbindung stehen, werden als Aufstellflächen bezeichnet. Sie dienen dem Einsatz von Hubrettungsfahrzeugen. Aufstellflächen müssen mindestens 5 m × 11 m groß und so angeordnet sein, dass alle zum Anleitern bestimmten Stellen von Hubrettungsfahrzeugen erreicht werden können. Aus der Länge der Aufstellfläche (elf Meter) und der Tatsache, dass Aufstellflächen, wenn sie rechtwinklig zum Gebäude angeordnet sind, einen Meter Abstand zum Objekt haben dürfen, resultiert die Nenn-Ausladung von zwölf Metern bei der DLAK 23/12.

Bild 3 und Bild 4: *Feuerwehrzufahrten müssen im Sommer wie im Winter deutlich zu erkennen und befahrbar sein. Dazu muss eine eindeutige Kennzeichnung des Fahrweges erfolgen. Gut zu erkennen, ist auch die Beschilderung nach DIN 4066 (Bilder: J. O. Unger)*

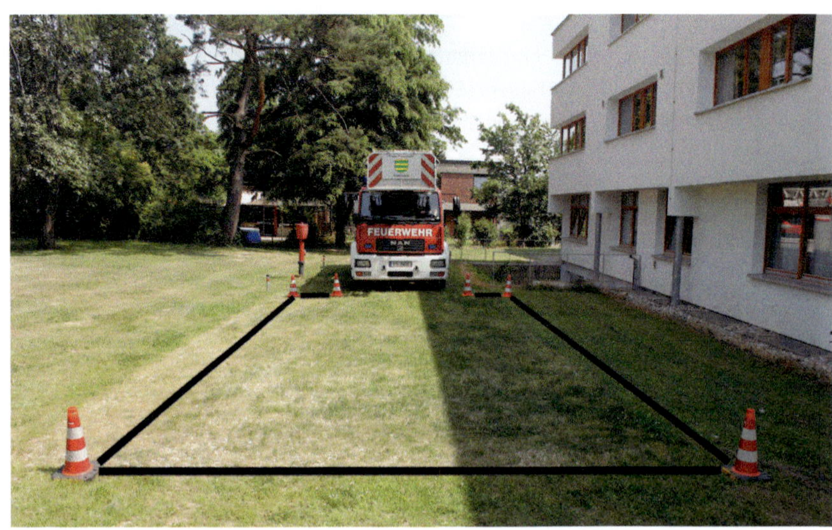

Bild 5: ***Auf einer Aufstellfläche nach DIN 14090 kann eine Drehleiter optimal aufgestellt werden. Innerhalb der Markierungen wird der Platzbedarf deutlich. (Bild: J. Thorns)***

Bewegungsflächen

Bewegungsflächen sind befestigte Flächen auf dem Grundstück, die mit der öffentlichen Verkehrsfläche direkt oder über Zufahrten in Verbindung stehen. Sie dienen dem Aufstellen von Feuerwehrfahrzeugen, der Entnahme und der Bereitstellung von Geräten sowie der Entwicklung von Rettungs- und Löscheinsätzen. Zufahrten sind keine Bewegungsflächen. Bewegungsflächen können gleichzeitig Aufstellflächen sein (DIN 14090 Ziffer 3.4).

Weitere Anforderungen aus der DIN 14090 Ziffer 4 sind:

- Sperrvorrichtungen in Form von Ketten, Pfosten usw. sind in Zufahrten zulässig, wenn sie von der Feuerwehr geöffnet werden können – im Regelfall mit dem Überflurhydrantenschlüssel oder dem Feuerwehrbeil.
- Zufahrten und Aufstellflächen müssen eine stets deutlich erkennbare Randbegrenzung mit nicht mehr als 0,8 Metern Höhe erhalten.
- Aufstellflächen müssen so befestigt sein, dass sie von Feuerwehrfahrzeugen mit einer zulässigen Gesamtmasse von 16 Tonnen und einer Achslast von zehn Tonnen befahren werden können.

- Zwischen der anzuleiternden Außenwand und den Aufstellflächen dürfen sich keine Hindernisse befinden, die den Einsatz von Hubrettungsfahrzeugen behindern.

Praxis-Tipp:

Der Zugang zu den Flächen für die Feuerwehr muss rund um die Uhr möglich sein. Sind aus Gründen des Einbruchschutzes Zufahrten zu Grundstücken oder andere Sperrvorrichtungen nur mit Schlüsseln zu öffnen, sind einheitliche Schließsysteme, z. B. der Einbau eines Feuerwehr-Schlüsseldepots 1 (FSD 1), an diesen Stellen empfehlenswert.

Achtung:

Eine zugewachsene »unsichtbare« Aufstellfläche mit fehlender Randbegrenzung kann die Standsicherheit des Hubrettungsfahrzeugs gefährden.

Praxis-Tipp:

Die Feuerwehr sollte in ihrem Ausrückebereich regelmäßig die Flächen für die Feuerwehr kontrollieren und Mängel durch den Eigentümer beseitigen lassen.

3.2 Der Zweite Rettungsweg

Der Zweite Rettungsweg kann für die Nutzer von Gebäuden der entscheidende Fluchtweg vor Feuer und tödlichem Brandrauch sein. Dieser muss durch einen Treppenraum oder die Leitern der Feuerwehr sichergestellt werden. Ab Rettungshöhen von mehr als acht Metern ist ein Hubrettungsfahrzeug erforderlich. Diese Regelung gilt nur bis 22 Meter Fußbodenhöhe eines Aufenthaltsraumes über der Geländeoberfläche, der so genannten Hochhausgrenze. Ab dieser Höhe wird ein baulicher Zweiter Rettungsweg verbindlich gefordert.

Hieraus ergibt sich die rechtliche Grundlage für die Beschaffung von Hubrettungsfahrzeugen. Bei Sonderbauten hingegen ist die Sicherstellung des Zweiten Rettungsweges über die Leitern der Feuerwehr die Ausnahme. Im Rahmen der Einsatzvorbereitung sollten solche Objekte im Ausrückebereich vorab durch eine Begehung erkundet werden.

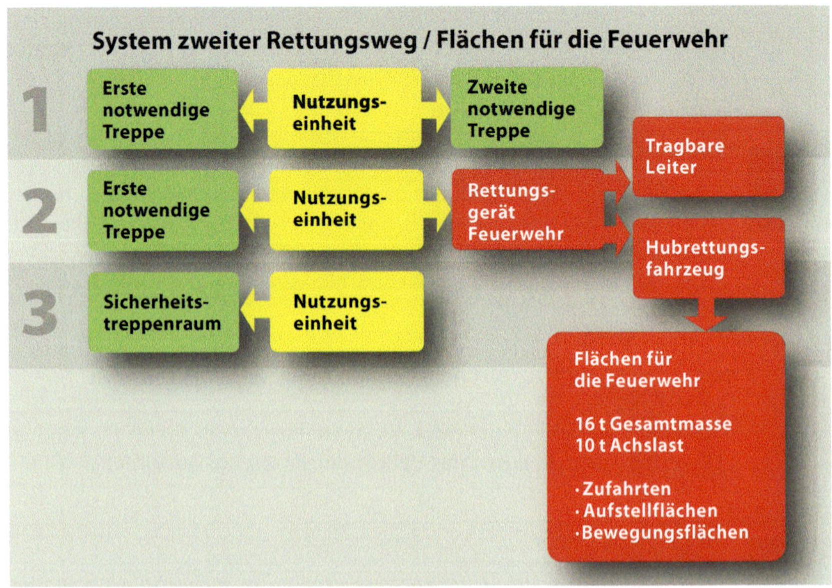

Bild 6: ***Der Zweite Rettungsweg kann über einen zusätzlichen Treppenraum (1) oder über Rettungsgeräte der Feuerwehr (2) sichergestellt werden. Ein Sicherheitstreppenraum (3) kompensiert durch besondere technische Anforderungen den Zweiten Rettungsweg.***

Musterbauordnung § 33: Erster und Zweiter Rettungsweg

(1) Für Nutzungseinheiten mit mindestens einem Aufenthaltsraum wie Wohnungen, Praxen, selbstständigen Betriebsstätten müssen in jedem Geschoss mindestens zwei voneinander unabhängige Rettungswege ins Freie vorhanden sein; beide Rettungswege dürfen jedoch innerhalb des Geschosses über denselben notwendigen Flur führen.

(2) Für Nutzungseinheiten nach Absatz 1, die nicht zu ebener Erde liegen, muss der erste Rettungsweg über eine notwendige Treppe führen. Der zweite Rettungsweg kann eine weitere notwendige Treppe oder eine mit Rettungsgeräten der Feuerwehr erreichbare Stelle der Nutzungseinheit sein. Ein zweiter Rettungsweg ist nicht erforderlich, wenn die Rettung über einen sicher erreichbaren Treppenraum möglich ist, in den Feuer und Rauch nicht eindringen können (Sicherheitstreppenraum).

(3) Gebäude, deren zweiter Rettungsweg über Rettungsgeräte der Feuerwehr führt und bei denen die Oberkante der Brüstung von zum Anleitern bestimmten Fenstern oder Stellen mehr als acht Meter über der Geländeoberfläche liegt,

dürfen nur errichtet werden, wenn die Feuerwehr über die erforderlichen Rettungsgeräte wie Hubrettungsfahrzeuge verfügt. Bei Sonderbauten ist der zweite Rettungsweg über Rettungsgeräte der Feuerwehr nur zulässig, wenn keine Bedenken wegen der Personenrettung bestehen.

Der Zweite Rettungsweg im Dachgeschoss

Der nachträgliche Ausbau von Dachgeschossen und Spitzböden stellt die Bauherren häufig vor ein Problem – den Zweiten Rettungsweg sicherzustellen. Denn je nach den spezifischen landesrechtlichen Regelungen dürfen Fenster, die in Dachschrägen oder Dachaufbauten liegen, mit ihrer Unterkante nicht mehr als einen Meter von der Traufkante (horizontal gemessen) entfernt sein. Der Grund dafür ist: Personen müssen sich bemerkbar machen können, um von der Feuerwehr gerettet werden zu können. Insbesondere bei Altbauten, wo diese Geschosse zu Nutzungseinheiten nachträglich ausgebaut werden und eine Grundrissveränderung oder eine weitere Treppenraumanbindung nicht möglich ist, kann die Anleiterbarkeit zu einem Problem werden.

Lösungen können dann Notleiteranlagen und Rettungspodeste sein. Diese sind in den Normen DIN 14094, Teil 1 und Teil 2, beschrieben und legen die Anforderungen an Rettungswege auf Dächern fest, über die Menschen im Gefahrenfall gerettet werden können. In welchen Fällen solche Rettungswege einzurichten sind, entscheidet die Genehmigungsbehörde.

Bild 7: ***Rettungspodeste auf Dachflächen müssen für die Feuerwehr einsehbar und anleiterbar sein. (Bild: J. O. Unger)***

Die so errichteten Rettungswege, die auf einer gesicherten Fläche, dem Rettungspodest, enden und nicht ohne tragbare Leitern oder Hubrettungsfahrzeuge aus dem Gefahrenbereich führen, bedürfen der Zustimmung der Genehmigungsbehörde. Der Vorbeugende Brandschutz prüft in diesen Fällen, ob eine Anleiterstelle mit Hubrettungsfahrzeugen auch erreicht werden kann.

Laufstege:	Dachneigung $\leq 10°$
Nottreppen:	Dachneigung $> 10°$ bis $\leq 55°$
Notstufenleitern:	Dachneigung $> 55°$ bis $\leq 75°$
Steigleitern (Notleitern):	Dachneigung $> 75°$

Rettungspodest:

Tragkonstruktion mit einer Standfläche, die je nach vorhandenen baulichen Sicherungen gegen Absturz ein zwei- oder dreiseitiges Geländer aufweist.

4 Fahrzeugkunde

Jeder Maschinist für Hubrettungsfahrzeuge muss über ein Grundlagenwissen der Fahrzeugtechnik, der Sicherheitseinrichtungen und der technischen Abläufe im Einsatz seines Hubrettungsfahrzeugs verfügen. Dies dient in Ausbildung und Einsatz dazu, das Fahrzeug korrekt zu bedienen und auftretende Fehlfunktionen oder Fehlbedienungen richtig einzuschätzen und beheben zu können.

4.1 Normung

Die technische Grundlage für den Bau eines Hubrettungsfahrzeugs sind gültige Normen. Diese sollen alle fünf Jahre angepasst werden und spiegeln so den aktuellen Stand der Technik wieder. Die Normen werden in Deutschland vom Deutschen Institut für Normung (DIN) veröffentlicht und dienen der Vereinheitlichung von Abläufen oder Gegenständen. Sie sind zuvor in einem festgelegten Prozess einer Normungsorganisation entstanden und im Konsens beschlossen worden. Da in den Normen Mindestanforderungen festgeschrieben werden, wird sichergestellt, dass alle Feuerwehrfahrzeughersteller nur Hubrettungsfahrzeuge mit einem einheitlichen Mindeststandard anbieten. Die wichtigsten Normen für den Bau von Hubrettungsfahrzeugen und die Ausbildung an denselben werden nachfolgend beschrieben.

4.1.1 DIN EN 1846

Die DIN EN 1846 »Feuerwehrfahrzeuge« gliedert sich in drei Teile. Im ersten Teil wird eine einheitliche Nomenklatur festgelegt und die Begriffe »Feuerwehrfahrzeug« und »Hubrettungsfahrzeug« werden definiert. Aus dieser Norm geht hervor, dass ein Hubrettungsfahrzeug in die Gruppe der Feuerwehrfahrzeuge fällt. In der DIN EN 1846 Teil 2 werden die allgemeinen Anforderungen, die an ein Feuerwehrfahrzeug gestellt werden, festgeschrieben. Der dritte Teil der Norm beschreibt die Sicherheits- und Leistungsanforderungen von im Fahrzeug fest eingebauter Ausrüstung. Dieser Teil wird bei Kombinationsfahrzeugen, wie beispielsweise Drehleitern und Löschfahrzeugen angewendet. Details zu den einzelnen Fahrzeugen sind den entsprechenden (Fahrzeug-)Normen zu entnehmen.

4.1.2 DIN EN 14043 und DIN EN 14044

Diese europäischen Normen ersetzten die rein deutsche Norm DIN 14701, die im Januar 2006 zurückgezogen wurde. Die DIN EN 14043 beschreibt Drehleitern mit kombinierten Bewegungen, so genannte Automatik-Drehleitern. Mit diesen können alle Bewegungen des Leitersatzes gleichzeitig durchgeführt werden.

In der DIN EN 14044 sind hingegen Drehleitern mit sequenzieller Steuerung, die so genannten Halbautomatik-Drehleitern genormt. Mit dem Hubrettungssatz dieser Drehleiter können Bewegungen nur nacheinander ausgeführt werden, also entweder Aufrichten oder Neigen oder Drehen links oder Drehen rechts oder Ausfahren oder Einziehen.

Diese Normen legen Leiterklassen mit den Höhenwerten 18, 24, 30 und > 30 bis 56 Meter fest. Die Leiterklasse gibt die maximale Rettungshöhe in Metern an. Die zulässigen maximalen Gesamtmassen für die Hubrettungsfahrzeuge sind für jede Klasse festgelegt.

Klasse	**18**	**24**	**30**	**> 30 bis 56**
Gesamtmasse (GM)	max. 13 t	max. 14 t	max. 16 t	–

Hierbei müssen je 90 kg pro Person der Besatzung, 325 kg für die feuerwehrtechnische Beladung sowie 200 kg als verfügbare Reservemasse berücksichtigt werden. In den jeweiligen Drehleiterklassen finden sich dann genauer definierte Ausführungstypen, die beispielsweise einen Rettungskorb zulassen, aber nicht zwingend vorschreiben. Im nationalen Anhang der Normen ist die feuerwehrtechnische Beladung aufgeführt.

Die Typen-Bezeichnungen in der Norm haben sich auffällig verändert. So wird anstelle der sehr bekannten, früher gültigen Bezeichnung »DLK 23-12«[3] jetzt die Bezeichnung der DIN EN 14043 »DLAK 23/12« für die Automatik-Drehleiter und der DIN EN 14044 »DLSK 23/12« für die halbautomatischen (sequenziellen) Drehleitern verwendet. Gleiches gilt für die Leitertypen in den Klassen 18 und 24. Drehleitern der Leiterklasse >30 bis 56 werden mit ihrer maximalen Rettungshöhe bezeichnet, da für diese Leiterklasse keine Nennreichweite definiert ist.

3 Die Bezeichnung DLK 23-12 ist die normative Kurzbezeichnung aus der 2006 zurückgezogenen und nicht mehr gültigen DIN 14701.

4.1.3 DIN EN 1777

Mit dem Erscheinen dieser Norm im Februar 2005 wurden erstmals Hubarbeitsbühnen (HAB) für Feuerwehren und Rettungsdienste normiert. Grundlage für diese Norm waren allerdings die Anforderungen an gewerbliche Fahrzeuge (DIN EN 280 »Fahrbare Hubarbeitsbühnen«). Die DIN EN 1777 nennt die signifikanten Gefährdungen und Risiken bei der Verwendung der Hubarbeitsbühnen. Des Weiteren legt sie Verfahren zur Beseitigung bzw. zur Verminderung dieser Gefährdungen wie auch die Anwendung sicherer Arbeitstechniken fest. Es werden keine Fahrzeuge, Nennrettungshöhen, Bauausführungen oder Beladepläne aufgeführt – also keine Typen. Lediglich die Sicherheitsanforderungen, die das Fahrzeug erfüllen muss, sind beschrieben. Aufgrund des Normaufbaus entfallen die Angaben über Besatzungsstärke, Beladung, Redundanzvorgaben und auch zu Maßen und Gewichten. Für das Fahrgestell einer Hubarbeitsbühne gilt die Norm in Verbindung mit der DIN EN 1846-2 »Feuerwehrfahrzeuge – Allgemeine Anforderungen – Sicherheit und Leistung«.

4

4.1.4 DIN 14701

Die Norm DIN 14701-1 »Hubarbeitsbühnen (HAB) für Feuerwehren und Rettungsdienste. Teil 1: Hubarbeitsbühnen (HABn) nach DIN EN 1777 – Einsatztaktische Klassifizierung und Begriffe sowie Leistungsanforderungen von Teleskopgelenkmasten (TGM)« wurde Anfang 2018 als Ergänzung für die o. g. europäische Norm DIN EN 1777 veröffentlicht. In der DIN 14701-1 wurden spezielle Typenfestlegungen für Hubarbeitsbühnen geschaffen, die in der DIN EN 1777 nicht vorhanden sind. Feuerwehren soll die Beschaffung von Hubarbeitsbühnen durch die DIN 14701 erleichtert werden, da eine Vergleichbarkeit von Drehleitern und Teleskopgelenkmasten hinsichtlich der Leistungsparameter verbessert wird.

4.1.5 DIN 14011

In der DIN 14011 werden wesentliche Begriffe aus dem Feuerwehrwesen definiert. In der aktuellen Ausgabe, die im Januar 2018 veröffentlicht wurde, sind erstmals Fachbegriffe für die Ausbildung und den Einsatz mit Hubrettungsfahrzeugen definiert worden. Somit können sich alle Ausbilder für Hubrettungsfahrzeuge an einheitlichen Begriffen orientieren und diese für eine richtige Ausbildung einsetzen.

Genormt wurden die Begriffe »Anleiterart«, »Anleiterbereitschaft« und »Anleiterstelle«.

4.2 Begriffe

Sowohl in DIN EN 14043 und DIN EN 14044 als auch in DIN EN 1777 werden die Begriffe erläutert, welche die Funktion der jeweiligen Ausführung des Hubrettungsfahrzeuges – Drehleiter oder Hubarbeitsbühne – näher beschreiben. Nachfolgend sind die wesentlichen Begriffe angeführt, die für das Fach-Vokabular eines Maschinisten wichtig sind. Die Begriffe werden für das jeweilige Hubrettungsfahrzeug mit dem entsprechenden Symbol gekennzeichnet:

Teleskopgelenkmast
Bezeichnet die Bauform einer HAB, bestehend aus einem teleskopierbaren Hauptteleskop und einem gelenkig angebrachten, teleskopierbaren (mehrteiligen) oder nicht teleskopierbaren (einteiligen) oder Mehrgelenk-Korbarm an dem ein Arbeitskorb befestigt ist

Hubrettungsbühne
Bezeichnet die Bauform eines Teleskopgelenkmastes (TGM), die die Aufstellflächen der Feuerwehr nach DIN 14090 befahren und zusätzliche Leistungsanforderungen erfüllen kann

Hubrettungssatz
Die gesamten beweglichen Baugruppen einer Drehleiter, einschließlich der Abstützeinheit, die auf dem Fahrgestell befestigt werden, werden Hubrettungssatz genannt. Das obere Ende des Hubrettungssatzes kann fest angebrachte oder abnehmbare Rettungseinrichtungen tragen.

Leitersatz
Der Leitersatz der Drehleiter besteht aus mehreren teleskopierbar miteinander verbundenen Leiterteilen.

Hubeinrichtung
Bei der Hubeinrichtung kann es sich um unterschiedliche Systeme handeln. Je nach Ausführung kann es ein scherenartiger Mechanismus oder ein oder mehrere starre oder teleskopierbare oder gelenkartige Mechanismen sein. Auch eine Kombination

dieser Varianten ist möglich. Diese Hubeinrichtung kann auf einem Untergestell schwenkbar montiert sein. Für Hubeinrichtungen der bei den Feuerwehren verwendeten Hubarbeitsbühnen sind teleskopierbare Hubeinrichtungen mit einem Gelenkarm, an dem sich der Arbeitskorb befindet, normativ vorgegeben. Eine solche Hubeinrichtung (siehe auch Bild 30) setzt sich zusammen aus:

- Drehgestell,
- Teleskopgrundkörper (Hubarm),
- ein oder mehrere Teleskope,
- dem Korbarm,
- dem Korbträger.

Leiterteile

Der Leitersatz setzt sich aus dem ersten (oberen) Leiterteil, dem letzten (unteren) Leiterteil, das auf der Lafette befestigt ist, und den Zwischenteilen zusammen. Die Leiterteile werden so gezählt, als ob man die Leiter von oben kommend absteigt.

Rettungskorb

Beim Rettungskorb handelt es sich um eine am oberen Ende des Leitersatzes fest angebrachte oder abnehmbare Zusatzeinrichtung, die vorrangig zur Rettung von Menschen, für die Brandbekämpfung oder für sonstige Einsatzmaßnahmen verwendet wird (siehe auch Kapitel 7). In diesem Buch wird auch der Begriff »Korb« verwendet.

Arbeitskorb

Hierbei handelt es sich um einen umwehrten Korb zum Transport von Personen und Ausrüstungen, der unter Last mithilfe der Hubeinrichtung in die gewünschte Arbeitsstellung bewegt werden kann. Außerhalb des Schutzgeländers können Arbeitskörbe für Rettungszwecke einen erweiterten Korbboden und Podeste zum Zugang zu Anlegeleitern haben. Diese Zusatzplattform am Rettungskorb dient zum Übersteigen in ein Objekt. Von dieser Standfläche aus können im Einzelfall handwerkliche Tätigkeiten ausgeführt werden.

Rettungsleiter

Eine Rettungsleiter ist Bestandteil der Hubeinrichtung, bzw. an dieser fest angebracht. Sie dient zur Rettung von Personen durch Heruntertragen oder für die Mannschaft zum Heruntersteigen vom Arbeitskorb zum Podium.

Rettungsleiter-Nennlast

Dieser Begriff bezeichnet die nach Herstellangaben maximal zulässige Anzahl von Personen je 90 Kilogramm, die sich auf der Rettungsleiter aufhalten dürfen.

Senken und Heben

Hierbei wird der Arbeitskorb in eine geringere bzw. in eine größere Höhe bewegt. Dies kann sowohl mit dem Hubarm und/oder dem Korbarm erfolgen.

Neigen/Aufrichten

Hierbei wird der Aufrichtwinkel des Hubrettungssatzes verringert bzw. vergrößert.

Drehen

Beim Drehen führt der Arbeitskorb bezüglich der Hubeinrichtung eine Kreisbewegung durch. Der Korb kann im Gegensatz zum Rettungskorb der Drehleiter am Korbträger gedreht werden.

Schwenken

Bei dieser Bewegung wird die Hubeinrichtung gedreht. Dies ist dem Drehen des Leitersatzes bei der Drehleiter gleichzusetzen.

Praxis-Tipp:

Der Normbegriff für das Zurücknehmen des Leitersatzes lautet eigentlich Einfahren. Dieser Begriff kann an Einsatzstellen in der Kommunikation zwischen Einheitsführer und dem Maschinisten des Hubrettungsfahrzeuges allerdings zu falsch verstandenen Kommandos führen. »Ausfahren« und »Einfahren« klingen sehr ähnlich und können über Funk leicht verwechselt werden. Eindeutig ist es dagegen, wenn die Kommandos »Ausfahren« und »Einziehen« verwendet werden!

Tabelle 1: ***Vergleich der Begriffe zwischen DL und HAB für die einzelnen Bewegungen***

Bewegung einer Drehleiter	Bewegung einer Hubarbeitsbühne
Aufrichten (Hubrettungssatz)	Heben (Arbeitskorb)
Neigen (Hubrettungssatz)	Senken (Arbeitskorb)
Ausfahren	Ausfahren
Einziehen	Einziehen
Drehen	Schwenken

Tabelle 1: ***Vergleich der Begriffe zwischen DL und HAB für die einzelnen Bewegungen – Fortsetzung***

Bewegung einer Drehleiter	Bewegung einer Hubarbeitsbühne
–	Drehen

Aufrichtwinkel (α)

Der Aufrichtwinkel α ist der Winkel zwischen der Längsachse des letzten (untersten) Leiterteils und der Waagerechten. Er gibt an, um wie viel Grad der Leitersatz aufgerichtet ist. Bei Hubarbeitsbühnen wird der Aufrichtwinkel des Hubarmes bezogen auf das waagerechte Podium angegeben.

Merke:

Steht eine Drehleiter auf einer geneigten Standfläche, muss der Neigungswinkel dem Aufrichtwinkel des Leitersatzes hinzugezählt werden. Eine Neigung von 2° und ein um 48° aufgerichteter Drehleitersatz ergeben somit einen gesamten Aufrichtwinkel von 50°.

Querneigungswinkel (β) und Längsneigungswinkel (γ)

Ist die Aufstellfläche so geneigt, dass sich die Hinterachse des Fahrzeuges über oder unter dem Höhenniveau der Vorderachse befindet, spricht man von einer Längsneigung. Diese wird mit dem griechischen Buchstaben Gamma bezeichnet. Befinden sich die linken Reifen über oder unter dem Höhenniveau der rechten Reifen spricht man von einer Querneigung. Diese Neigungen können durch eine Libelle im Fahrerhaus oder am Heck abgelesen werden. Bei älteren Fahrzeugen wird hierfür auch ein Pendel verwendet. Von den Herstellern werden in den Bedienungsanleitungen die maximalen Neigungswinkel vorgegeben. Der Leitersatz der quergeneigten Leiter wird automatisch ausgeglichen. Die minimale Abstützbreite des tieferliegenden Stützenpaares erhöht sich in Abhängigkeit zur Querneigung des Fahrzeugs. Es kann nicht mehr innerhalb der Mindestabstützbreite abgestützt werden. Die Ausladung auf der hangabwärts gerichteten Seite wird hierdurch reduziert. Aus diesem Grund ist eine möglichst große Abstützbreite bei einer quergeneigten Standfläche anzustreben. Bis zu dem in den Bedienungsanleitungen aufgeführten Längsneigungswinkel ist ein Betrieb des Hubrettungsfahrzeuges ohne Einschränkungen möglich. Beim Drehen des Hubrettungssatzes hält die Geländeausgleichseinrichtung (siehe auch Kapitel 4.4) den Leitersatz auf dieser geneigten Fläche immer horizontal. Hubarbeitsbühnen sollten in Fahrtrichtung bergab aufgestellt werden. Die Winkel werden in Bild 8 dargestellt.

Drehwinkel (θ)

Bei dem Drehwinkel handelt es sich um den Winkel, gemessen in Grad, zwischen der Längsachse des Fahrzeuges und der Längsachse des unteren Auslegerelementes. Die Stellung 0 entspricht der Längsachse des Fahrzeuges in Richtung Fahrerhaus (vgl. Bild 8b).

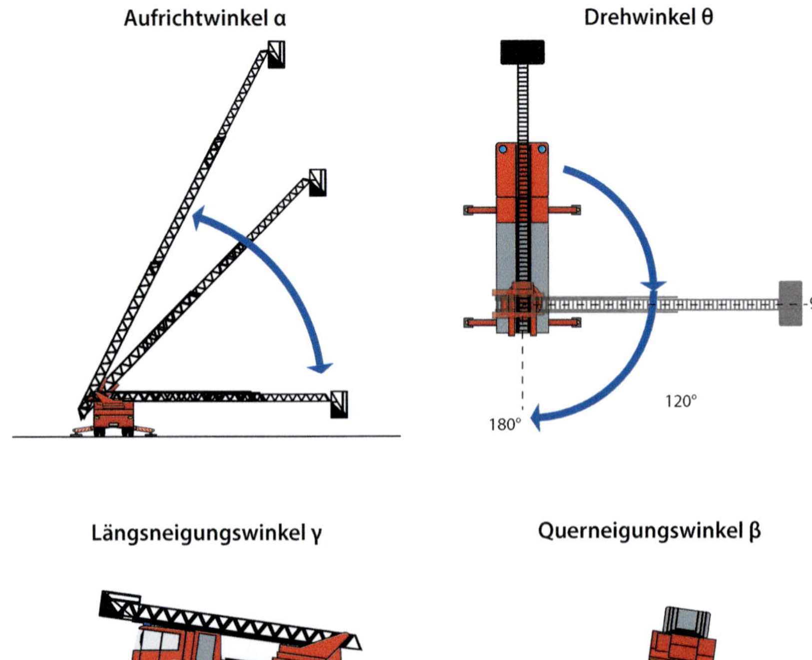

Bild 8: *a) Aufrichtwinkel, b) Drehwinkel, c) Längsneigungswinkel und d) Querneigungswinkel*

Rettungshöhe (h)

Die Rettungshöhe, gemessen in Meter, ist die lotrechte Höhe von der waagerechten Standfläche bis zum Boden des Rettungskorbes bzw. der Arbeitsbühne. Ist kein Korb vorhanden, wird die Höhe bis zur obersten Steigsprosse gemessen. Der Leitersatz einschließlich Korb wird hierbei nicht belastet.

Nennrettungshöhe (h_N)

In der Bezeichnung der Drehleiter wird die Angabe Nennrettungshöhe aufgeführt (erster Zahlenwert). Diese Nennrettungshöhe ist eine bestimmte lotrechte Höhe, die der unbelastete Leitersatz (Hubrettungssatz) erreichen muss. Es wird von einer waagerechten Standfläche bis zum Boden des Korbes im nicht belasteten Zustand gemessen. Bei einer Drehleiter ohne Korb wird bis zur obersten Leitersprosse gemessen.

Maximale Rettungshöhe (h_m)

Die maximal Rettungshöhe wird erreicht, wenn der Leitersatz maximal aufgerichtet und auf die maximale Länge ausgefahren ist.

Horizontale Ausladung (l)

Die horizontale Ausladung, gemessen in Meter, ist der Abstand von der Fahrzeugaußenkante bis zum Lot der Außenkante des Korbbodens. Bei einer Drehleiter ohne Korb wird bis zum Lot der obersten Leitersprosse gemessen. Die Messung erfolgt rechtwinklig zur Fahrzeuglängsachse bei waagerechter Standfläche des Fahrzeuges ohne Belastung des Leitersatzes. Die Ausladung wird, sofern die Abstützung außerhalb der größten Fahrzeugbreite liegt, von der Außenkante der am weitesten ausgefahrenen Abstützung auf der Seite des Auslegers gemessen (vgl. Bild 9).

Nennausladung (l_N)

In der Bezeichnung der Drehleiter wird die Angabe Nennausladung aufgeführt (zweiter Zahlenwert). Diese Nennausladung, die in der Norm festgelegt ist, muss die Drehleiter erreichen. Sie wird wie die horizontale Ausladung bei Nennrettungshöhe gemessen.

Nennreichweite (h/l)

Die Nennreichweite setzt sich aus den Koordinaten der Rettungshöhe und der horizontalen Ausladung zusammen. Die Werte für die Nennreichweite können in den gültigen Vorschriften jedes einzelnen Landes festgelegt sein. In Deutschland sind es nach Norm die Werte 12/9, 18/12 und 23/12.

Nennlast (P_N)

Die Nennlast gibt eine definierte Last in Kilogramm an, mit der der Korb oder die Spitze des Leitersatzes im Freistandfeld belastet werden darf. Abnehmbare Körbe und die im Korb festen Einbauten gehören zum Leitersatz und sind nicht als eine Last innerhalb der Nennlast zu berücksichtigen.

Nennlast

Die Nennlast umfasst die maximale Last, mit der eine Arbeitsbühne innerhalb der Grenzen des entsprechenden Arbeitsbereiches der Hubeinrichtung vertikal belastet werden darf. Sie setzt sich aus den in der Arbeitsbühne befindlichen Person und den Zusatzlasten zusammen. Fest eingebaute Ausrüstungsgegenstände, wie beispielsweise ein Schaum-Wasserwerfer, zählen nicht mit zur Nennlast.

Arbeitsbereich

Der Arbeitsbereich ist ein vom Hersteller definierter Raum, in dem der Arbeitskorb unter Nennlast betrieben werden darf.

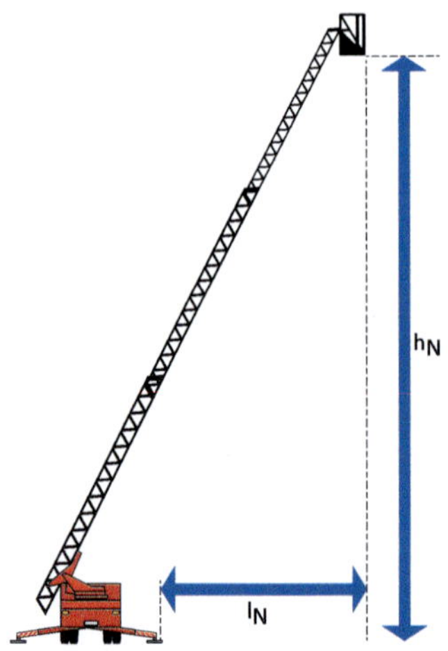

Bild 9: ***(Nenn-)Rettungshöhe und (Nenn-)Ausladung***

Zusatzlast (P_Z)

Zur Zusatzlast gehören vom Hersteller zusätzlich zur Nennlast zugelassene Einrichtungen und nicht dauerhaft befestigte Ausrüstungen wie Scheinwerfer oder Wenderohr.

Zusatzlasten

Hierbei handelt es sich um alle auf der Arbeitsbühne mitgeführten Gegenstände. Sie sind nicht ständig gesichert und gehören auch nicht zur Mindestausrüstung der Anwender. Gegenstände, die unter diesen Begriff fallen, wären beispielsweise Schläuche, Arbeitsleinen oder Einreißhaken.

Maximale Nutzlast (P_L)

Die maximale Last ist die größte Last mit der die Drehleiter belastet werden darf. Sie setzt sich aus der Nutzlast und der Zusatzlast zusammen.

Benutzungsfeld und Benutzungsgrenze

Das Benutzungsfeld ist der Bereich, in dem der Hubrettungssatz ohne Gefährdung der Standsicherheit bewegt werden kann. Das Benutzungsfeld schließt das Freistandsfeld und das Auflagefeld ein. Die Benutzungsgrenze ist die Grenze des Benutzungsfeldes. Das Erreichen dieser Grenze wird dem Maschinisten durch ein Signal angezeigt und die die überwachende Steuerung schaltet die Leiterbewegungen selbsttätig ab. Es können nur noch entlastende, das Kippmoment verringernde Bewegungen durchgeführt werden.

Freistandsfeld und Freistandsgrenze

Das Freistandsfeld ist der Bereich innerhalb des Benutzungsfeldes, in dem der Hubrettungssatz im Freistand mit der für dieses Feld zulässigen Nutz- und Zusatzlast ohne Gefährdung der Standsicherheit belastet und bewegt werden darf (vgl. Bild 10). Das Freistandsfeld teilt sich nach der jeweiligen Belastung des Leitersatzes in unterschiedliche Arbeitsfelder auf. Daraus ergeben sich die üblichen Betriebsarten »3-Personen-Freistandsfeld«, »2-Personen-Freistandsfeld«, »1-Personen-Freistandsfeld«, »ohne Korb-« und »Auflagebetrieb«. Die Größe des jeweiligen Freistandsfeldes ist von den Faktoren Belastung des Leitersatzes und der Abstützbreite abhängig. Je größer die Abstützung und je geringer die Last ist, desto größer wird das anzuwendende Freistandsfeld. Der unbelastete Leitersatz kann über die Freistandsgrenze hinaus in das Auflagefeld gefahren werden. Bei Überschreiten der Freistandsgrenze darf die Drehleiter in keinem Fall belastet werden (siehe auch Kapitel 7.14.4). Moderne Drehleitern steuern grundsätzlich erst einmal im Freistand die 3-Personen-Freistandsgrenze an. Sollte sich eine geringere Last im Korb befinden, so kann durch eine entsprechende Quittierung des Grenzsignals die 2-Personen-Freistandsgrenze angefahren werden usw. Letztendlich wird die Leiter bei leerem Korb bis an die Benutzungsgrenze gefahren.

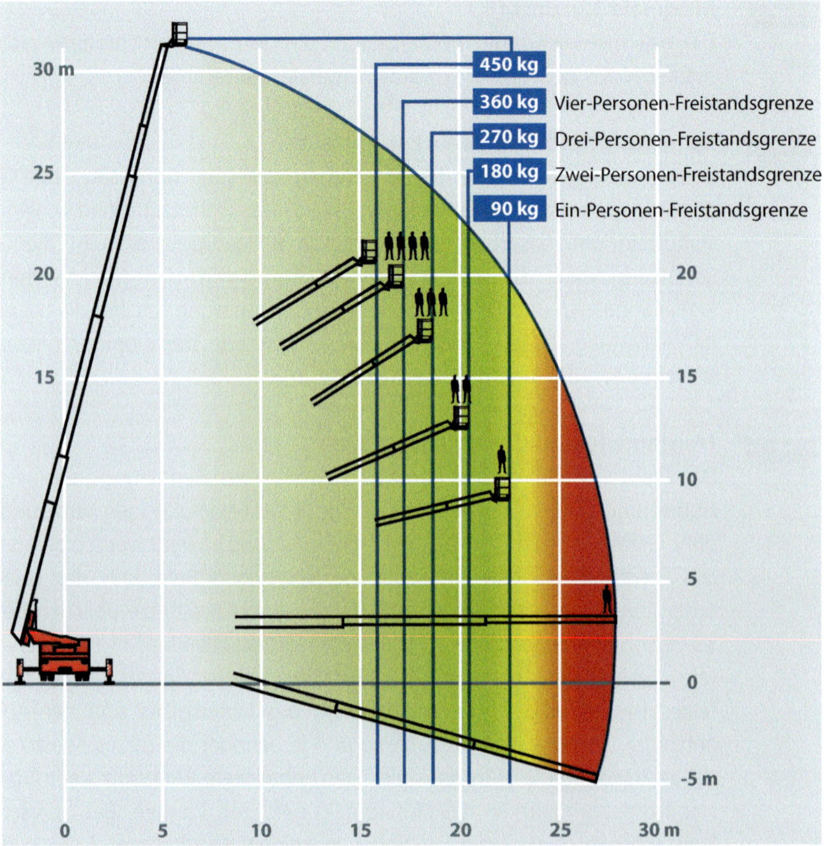

Bild 10: ***Beispielhafte Darstellung der Benutzungs- und Freistandsgrenzen einer Drehleiter***

Auflagefeld und Auflagegrenze

Das Auflagefeld ist der Bereich der Ausladung einer Drehleiter, in dem die Bewegung des unbelasteten Leitersatzes die Standsicherheit nicht gefährdet (vgl. Bild 10). Wird die Leiter in das Auflagefeld gefahren und auf einem stabilen Untergrund abgelegt, kann sie durch die Aufteilung der mechanischen Belastungen auf das Fahrzeug und die Leiterspitze wieder bestiegen werden. Die maximale Belastung der Leiter in dieser Betriebsart ist der Bedienungsanleitung des Fahrzeugherstellers zu entnehmen. Zusätzlich werden in der Regel Beschränkungen zur maximalen Leiterteilbelastung gemacht. Hubarbeitsbühnen verfügen aufgrund ihrer Konstruktion über kein Auflagefeld.

Verbleibende Neigung

Die verbleibende Neigung ist die Abweichung von der Horizontalen des Untergestelles nach dem Ausfahren der Abstützeinrichtung. Der Geländeausgleich erfolgt nur bis zu einer Neigung von maximal 7°. Wird das Fahrzeug auf einer 9° geneigten Standfläche positioniert, beträgt die verbleibende Neigung nach Nivellierung 2°.

Stützbreite

Die Stützbreite ist der Abstand zwischen den Außenkanten zweier quer zum Fahrzeug gegenüberliegenden abgelassenen Stützen. Die Drehleiter steht hierbei in Betriebsstellung auf einer waagerechten Standfläche.

Abstützeinrichtung

Zur Abstützeinrichtung gehören alle Einrichtungen und Systeme, die zur Standsicherheit der Hubarbeitsbühne beitragen. Zu diesen zählen:

- die Bodendruckplatte (Stützteller),
- die Abstützzylinder,
- die Ausschubträger der Abstützeinrichtung,
- die Federfeststelleinrichtung der Achsaufhängung sowie
- Einrichtungen zum Geländeausgleich der Hubeinrichtung.

Im Gegensatz zur Drehleiter erfolgt ein Niveauausgleich bei derzeit gebräuchlichen Hubarbeitsbühnen ausschließlich über das Abstützsystem.

Rüstzeit (t_R)

Die Rüstzeit ist die Zeit, die erforderlich ist, um mit der Fahrzeugbesatzung von der Fahrstellung die maximale Rettungshöhe zu erreichen. Innerhalb der Rüstzeit muss das Fahrzeug abgestützt sein und der Leitersatz 90° quer zur Fahrzeuglängsachse gedreht werden. Wenn erforderlich, muss der Rettungskorb eingehängt werden und betriebsbereit sein. Bei Drehleitern mit Stülpkorb darf die Rüstzeit maximal 140 Sekunden betragen und bei Drehleitern mit Einhängekorb weniger als 180 Sekunden. Bei den Drehleitern mit sequenziellen Bewegungen (DLS) nach DIN EN 14044 darf die Rüstzeit bis zu 180 Sekunden (für alle Leiterklassen) betragen, ohne Einhängen des Korbes. Das Einhängen des Korbes ist bei den DLS kein Bestandteil der Rüstzeit.

Rüstzeit

Die Rüstzeit beschreibt die Zeit, die erforderlich ist, eine mit einer Person belastete Arbeitsbühne vom Umsetzzustand mithilfe der Mannschaft in die maximale Rettungshöhe in einer Stellung von 90° zur Fahrzeuglängsachse zu bringen. Mit zur Rüstzeit gehört die Zeit, die erforderlich ist, um auf einer ebenen Standfläche alle Abstützungen voll auszufahren. Die Rüstzeit ist in der DIN EN 1777 einem Diagramm zu entnehmen (vgl. Bild 11). Sie ist abhängig von der jeweiligen Rettungshöhe und darf für eine Rettungshöhe von 30 Metern maximal 150 Sekunden betragen.

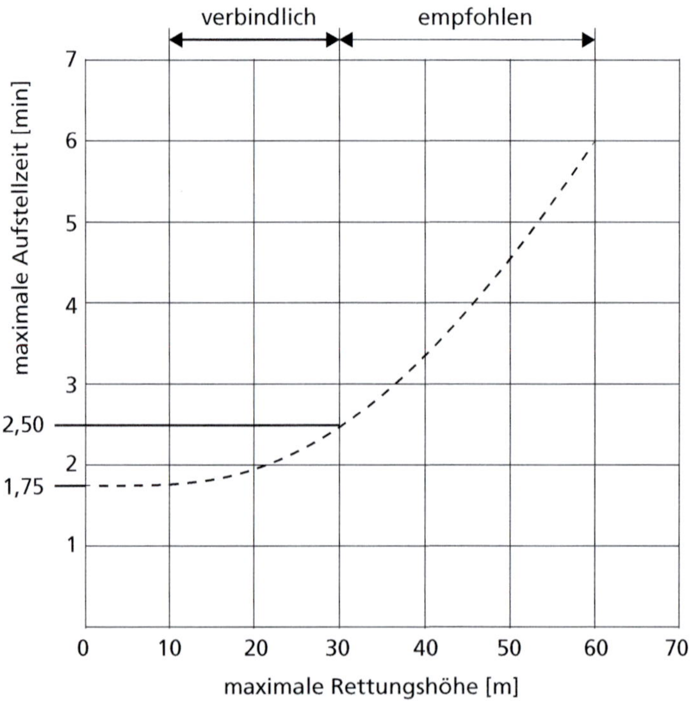

Bild 11: ***Diagramm Rüstzeit für Hubarbeitsbühnen nach DIN EN 1777 (Grafik: VWK)***

Grundstellung

Hierbei befindet sich die Hubeinrichtung mit der Arbeitsbühne in einer Stellung, in der ein Zugang zum Arbeitskorb möglich ist.

Umsetzungszustand

Die Hubarbeitsbühne befindet sich in einer vom Hersteller vorgeschriebenen Stellung, in der sie zum und vom Einsatzort bewegt werden kann. Das bedeutet, die Hubeinrichtung ist in Grundstellung, die Abstützung vollständig eingefahren. Das Fahrzeug ist einsatzbereit. Die Grundstellung sowie der Umsetzungszustand können identisch sein. Dies ist abhängig von der Art der Hubarbeitsbühne.

Umsetzen

Umsetzen bezeichnet das Fahren des Fahrzeugs bzw. das Bewegen des Untergestells.

4.3 Technik eines Hubrettungsfahrzeugs

Grundsätzlich werden Hubrettungsfahrzeuge in folgende Bereiche eingeteilt: Fahrgestell, Unterwagen und Oberwagen.

Das Fahrgestell setzt sich aus Fahrzeugrahmen, Fahrzeugmotor, Getriebe mit Nebenabtrieb, Achsen, Rädern und Fahrerkabine zusammen. Der Fahrzeugmotor ist über ein Getriebe sowie über den Achsantrieb mit den Rädern verbunden. Vom Getriebe zweigt ein Nebenabtrieb ab, mit dem über eine Gelenkwelle eine Ölpumpe zur Versorgung der Hydraulik des Hubrettungssatzes angetrieben wird. Bei einem Löschfahrzeug wird darüber zum Beispiel die Kreiselpumpe bewegt, bei einem Rüstwagen der eingebaute Generator.

Auf den Fahrzeugrahmen wird ein Hilfsrahmen für den Aufbau geschraubt, der sich aus Unter- und Oberwagen zusammensetzt. Die Haupthydraulik des Hubrettungsfahrzeuges befindet sich im Unterwagen. Sie besteht aus der Pumpe, dem Hydrauliköltank, den Hydraulikölfiltern sowie den Druckbegrenzungsventilen. Im Unterwagen befindet sich des Weiteren die Steuerungs- und Überwachungselektronik. Die Standsicherheit des Hubrettungsfahrzeugs wird mit der Abstützung gewährleistet.

Die Drehleitern und Hubarbeitsbühnen verfügen über vier Steuerstände:

- zwei Steuerstände am Heck für die Abstützung,
- den Hauptsteuerstand am Drehgestell,
- den Korbsteuerstand.

Die Steuerstände sind so gestaltet und angeordnet, dass der Anwender die Steuerorgane ohne Behinderung betätigen kann. Eine blendfreie Beleuchtung an den Steuerständen ermöglicht einen Betrieb bei allen Lichtverhältnissen.

Am Heck des Fahrzeuges wird die Abstützung gesteuert und je nach Drehleiter-Hersteller der Stülp- bzw. Klappkorb aufgestellt. Dies kann automatisch beim Ausfahren der Abstützung erfolgen oder durch Betätigen des entsprechenden Tasters. Bei Hubarbeitsbühnen entfällt dies, da der Korb fest am Korbarm installiert ist. Die Steuerstände des Abstützsystems müssen so angebracht sein, dass der Maschinist jede Abstützeinheit beim Ausfahren einsehen kann.

Die Abstützung kann vom Steuerstand aus paarweise auf einer Seite oder auch einzeln ausgefahren werden. Am Abstützsteuerstand ist eine Vorrichtung zum Anhalten der Abstützbewegung (Not-Aus-Funktion) vorhanden. Eine optische Einrichtung am Steuerstand der Abstützung zeigt dem Anwender an, dass das Fahrzeug stabilisiert, also abgestützt, ist und somit der Einsatz erfolgen kann. Die weiteren Funktionen des Hubrettungssatzes werden erst durch eine Nachfolgesteuerung freigegeben. Erkennt das Fahrzeug die ausreichende Abstützung nicht, sind somit auch alle weiteren Bewegungen nicht möglich.

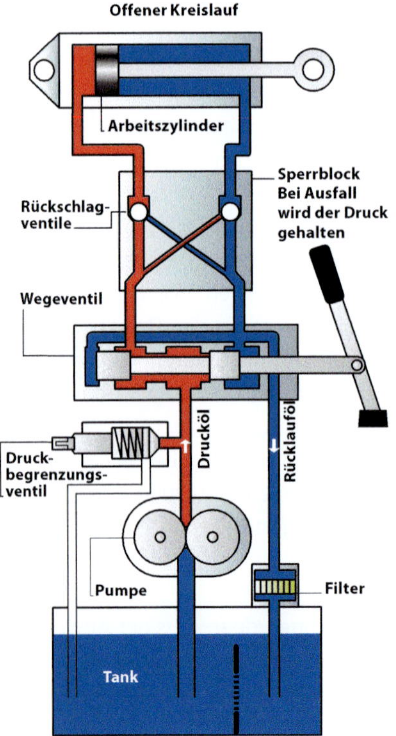

Bild 12: ***Funktionsprinzip des hydraulischen Systems eines Hubrettungsfahrzeugs mit Sperrblöcken***

Bild 13: ***Der Maschinist muss jede Abstützeinheit beim Ausfahren einsehen. (Bild: M. Köppelmann)***

Das Hubrettungsfahrzeug wird vom Hauptsteuerstand am Drehgestell oder vom Korbsteuerstand bedient und überwacht. Der Hauptsteuerstand ist gegenüber dem Korbsteuerstand vorrangig geschaltet. Die Steuerung kann jederzeit vom Hauptsteuerstand aus übernommen werden. Am Hauptsteuerstand sind alle Bedienelemente und Anzeigen zusammengefasst. Hierzu gehören:

- Steuerhebel für die Auslegerbewegungen,
- Anzeigen für den Betriebszustand und das Benutzungsfeld,
- Totmannschalter/Öldruckschalter
- Tasten für das Schalten des Fahrzeugmotors, Beleuchtung, Sprossengleichheit und ggf. Niveauausgleich,
- Notfahrfunktionen und Anzeige der Ausladungswerte am Gradbogen,
- Wechselsprechanlage.

Der Steuerstand ist so angeordnet, dass die einzelnen Bewegungen des Hubrettungssatzes sowie die Bedieneinrichtungen im Blickfeld des Maschinisten liegen. Alle Bedienungs- und Betriebsüberwachungseinrichtungen müssen übersichtlich angeordnet und blendfrei beleuchtet sein. Der Maschinist des Hubrettungsfahrzeuges darf durch die Bewegungen des Hubrettungssatzes nicht gefährdet werden. Die optischen Sicherheitseinrichtungen muss er überblicken, die akustischen Sicherheitseinrichtungen gut hören können.

Der Motor kann am Hauptsteuerstand abgestellt werden. Das Anlassen des Motors kann ebenfalls am Hauptsteuerstand erfolgen, wenn das Fahrgetriebe gesperrt bzw. der Nebenabtrieb eingeschaltet ist. Um den erforderlichen Öldruck für die Bewegungen aufzubauen, muss der Maschinist einen so genannten Totmannschalter betätigen. Dieses Sicherheitselement verhindert bei einem Ausfall des Maschinisten ungewollte oder unkontrollierte Bewegungen des Auslegers. Durch sofortiges Loslassen des Tasters kann der Betrieb des Hubrettungsfahrzeugs bei Gefahren oder unsicheren Situationen gestoppt werden. Der Totmannschalter ist bei Hubrettungsfahrzeugen als Fußschalter am Boden des Hauptsteuerstands angebracht.

Über Bedienhebel werden durch Rechner Ventile elektrisch angesteuert, die den Öldruck an die entsprechenden Hydraulikzylinder weiterleiten. Mit einem Bedienhebel kann die Funktion Drehen/Schwenken, Aufrichten und Senken angesteuert werden. Der andere Bedienhebel steuert die Funktion Ausfahren und Einziehen sowie das Abwinkeln des Korbarms oder bei Drehleitern, soweit vorhanden, des Gelenkteils. Die Auslenkung bestimmt die Geschwindigkeit der Bewegungen, die Hebel arbeiten somit proportional. Bei automatischen Drehleitern und bei Hubarbeitsbühnen können beide Bedienhebel gleichzeitig betätigt werden. Bis zu vier Bewegungen des Auslegers/der Hubeinrichtung können dann gleichzeitig ausgeführt werden.

Die Anzeige ist bei den heute eingesetzten Hubrettungsfahrzeugen einem Computermonitor gleichzusetzen. Der Maschinist kann dort zahlreiche Informationen ablesen, wie z. B. die jeweilige Leiterlänge/Ausschublänge, den Aufrichtwinkel, die Rettungshöhe und die Ausladung. Auch Fehlerfunktionen und Fehlerursachen werden dem Maschinisten angezeigt. Kontrollsymbole weisen ihn auf Betriebszustände wie Sprossengleichstand, Belastung im Freistand oder Korbanstoß hin. Bei Drehleitern kann der erforderliche Niveauausgleich über eine am Hauptsteuerstand vorhandene Taste abgeschaltet werden. Eine rote Kontrollleuchte weist den Maschinisten auf die Abschaltung hin.

Das Erreichen der Freistands- oder Korbgrenze wird ebenfalls durch Kontrollsymbole angezeigt. Eine rote Warnleuchte dient zur Anzeige der Überlastgrenze und/oder Belastungsgrenze. Der Ausleger/die Hubeinrichtung kann vom Hauptbedienstand aus automatisch in die Ablage gefahren werden.

Eine Wechselsprechanlage ermöglicht eine Sprechverbindung zum Korb. Im Grundzustand ist die Sprecheinrichtung vom Korb aktiv geschaltet. Nach Betätigen des Sprechtasters kann der Maschinist vom Hauptsteuerstand aus die Verbindung umkehren und mit der Korbbesatzung sprechen.

Mit dem am Hauptsteuerstand angebrachten Notstopp-Taster kann jede Auslegerbewegung sofort unterbrochen werden. Ein akustisches Warnsignal zeigt das Betätigen des Notstopp-Tasters an und im Monitor erscheint ein Hinweis. Nach Entriegelung des betätigten Notstopp-Tasters kann der Betrieb des Hubrettungsfahrzeugs wieder aufgenommen werden.

Bei einem Ausfall der Elektronik kann sich der Maschinist einer Drehleiter mithilfe eines im Bereich des Hauptsteuerstandes angebrachten mechanischen Gradbogens

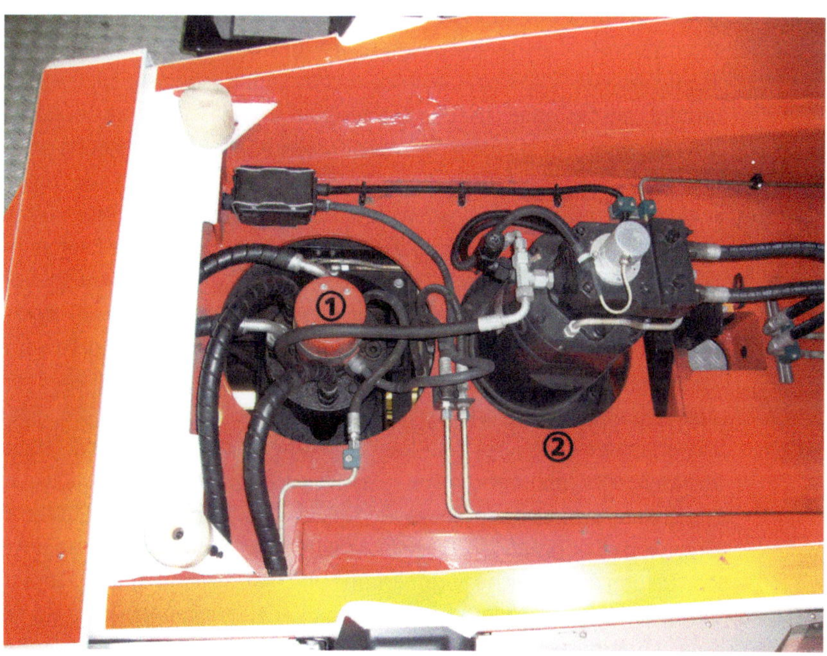

Bild 14: ***Drehdurchführung (1) und Drehgetriebe (2) mit Hydraulikleitungen bei einer Magirus DLAK 23/12 CS (Bild: N. Walle)***

die erforderlichen Informationen über den derzeitigen Zustand der Leiter auch analog einholen. In Abhängigkeit vom erreichten Aufrichtwinkel können vom Gradbogen

- die maximale Belastung,
- die maximale Ausladung,
- die maximale Leiterhöhe,
- und am Leitersatz die Leiterlänge

abgelesen werden. Bei Hubarbeitsbühnen können die benötigten Werte einem Diagramm-Aufkleber entnommen werden. Bei Ausfall der digitalen Anzeige ist eine Ermittlung des Betriebszustandes für den Maschinisten nicht möglich.

Der Korbsteuerstand ist in seinen Funktionen mit dem Hauptsteuerstand vergleichbar. Es können alle Bewegungen durchgeführt werden und über einen Überwachungsmonitor wird der erreichte Betriebszustand anzeigt. Weiterhin ist im Korb ein Notstopp-Taster installiert. Wird dieser ausgelöst, kann der Ausleger/die Hubeinrichtung vom Hauptsteuerstand aus zurückgefahren werden.

Eine Fernsteuerung für den Betrieb eines Hubrettungsfahrzeugs ist unzulässig.

Überwachung des Hubrettungsfahrzeugs

Hubrettungsfahrzeuge sind heutzutage mit einem elektronischen Steuer- und Überwachungssystem, das aus Computern und einem System aus Sensoren und Aktoren besteht, ausgestattet. Alle Funktionen, die der Maschinist ansteuert, werden von diversen Rechnern in einem Datenbus-System (CAN-Bus) umgesetzt und überwacht. Die im Hubrettungsfahrzeug verbauten Sensoren erfassen die für den Betrieb notwendigen Daten und geben sie an die Rechner weiter. Diese öffnen entsprechende Ventile zur Versorgung der Aktoren mit hydraulischer Energie. Anhand der Daten erkennt das System kritische Zustände und Störungen und über den Monitor wird dies dem Maschinisten angezeigt. Ihm können zusätzlich auch Lösungsmöglichkeiten zur Behebung der Störung angeboten werden. Das Rechner-Netz steuert und überwacht den Abstützbetrieb. Die hierzu gehörenden Sensoren erfassen die Abstützbreite und den erforderlichen Bodendruck. Ist dieser erreicht, gibt das System die erfassten Daten zu den für den Betrieb des Auslegers/der Hubeinrichtung zuständigen Computern weiter. Das Rechner-System überwacht die vom Hauptsteuerstand eingeleiteten Bewegungen des Auslegers. Aus den Daten der für den Unterwagen zuständigen Rechner ermittelt das System in Abhängigkeit von der Abstützung die mögliche Rettungshöhe und maximale Ausladung. Sensoren melden die erreichten Werte. Vor dem Erreichen der errechneten und so festgelegten Grenzen verringert das Überwachungssystem die Geschwindigkeit der Bewegungen und schaltet sie bei Erreichen der Grenzwerte ab. Die Schräglage des Korbes wird mithilfe einer Sensorik gemessen und an das Rechner-Netz übertragen. So wird gewährleistet, dass der Korbboden immer in Waage bleibt. Diese Art der Überwachung wird auch EVA-Prinzip genannt. EVA steht für Eingabe, Verarbeitung und Ausgabe. Ein Beispiel für das EVA-Prinzip: Beim Anfahren eines Fensters stößt der Korb gegen die Fensterbank. Im Sensor der Korbanstoßsicherung erfolgt eine Spannungsänderung (E). Die Überwachungselektronik erfasst diese, verarbeitet die Information (V) und gibt sie weiter an die Steuerungselektronik. Diese stoppt alle Bewegungen und gibt den Befehl an die Steuerung aus, dass nur noch eine entlastende Bewegung gefahren werden darf (A). Alle anderen Bewegungen am Steuerhebel sind gesperrt.

4.4 Sicherheitstechnische Einrichtungen

Beim Einsatz eines Hubrettungsfahrzeugs muss die notwendige Sicherheit in jeder Betriebsstellung gewährleistet sein. Da die Folgen beim Versagen der Technik eines Hubrettungsfahrzeugs schwerwiegend sein können, werden bei Drehleitern zahlreiche Sicherheitseinrichtungen in der Norm gefordert. Diese Sicherheitseinrichtungen sind jeweils redundant vorhanden. Diese Doppelung der Sicherheit ist nach DIN EN 1777 bei Hubarbeitsbühnen für Feuerwehren nicht vorgeschrieben. Bauteile müssen aber so konstruiert sein, dass sie bei Ausfall in ihrer jeweiligen Betriebsstellung verbleiben. Da viele Feuerwehren den gleichen Sicherheitsstandard wie bei einer Drehleiter fordern, sind die sicherheitstechnischen Einrichtungen vieler HAB denen moderner Drehleitern sehr ähnlich.

Wichtige technische Sicherheitseinrichtungen im Überblick:

- Getriebesperre,
- Leitersatzsicherung,
- Totmannschalter,
- Endbegrenzungen,
- Anstoßsicherungen,
- Lastmomentwarneinrichtung,
- Fahrerhaussicherung,
- Notbetrieb,
- Geländeausgleichseinrichtung,
- Abstützung,
- Federfeststellung.

Getriebesperre

Eine Forderung ist das gegenseitige Sperren von Fahr- und Leitergetriebe. Die Sperre muss bewirken, dass das Fahrzeug mit ausgefahrener Abstützung oder aufgerichtetem Ausleger nicht bewegt werden kann. Erst wenn die Feststellbremse betätigt und das Fahrgetriebe ausgekuppelt ist, kann der Nebenantrieb eingelegt werden. Erst danach kann das Abstützsystem betätigt werden. Ist das Fahrzeug abgestützt, werden die Bewegungen des Hubrettungssatzes freigegeben. Das Hubrettungsfahrzeug kann nicht verfahren werden, solange der Hubrettungssatz bewegt wird. Erst wenn der Ausleger in der Leiterablage liegt, sich also in der Transportstellung befindet, kann die Abstützung eingefahren und der Nebenantrieb abgeschaltet werden. Die Sperrung des Fahrgetriebes ist anschließend aufgehoben und das Fahrzeug ist fahrbereit.

Leitersatzsicherung

Ein seitliches Wegdrehen des Leitersatzes wird durch eine formschlüssige Ablage verhindert. Ein unbeabsichtigtes Ausschieben, zum Beispiel beim Bremsen, wird durch eine Leiterfangvorrichtung verhindert. Für die Bewegungen Aufrichten und Neigen sowie Ausfahren und Einziehen müssen zwei voneinander unabhängige Einrichtungen vorhanden sein. Diese Einrichtungen müssen den benutzungsbereiten und belasteten Leitersatz auch bei ausgeschaltetem Antrieb sicher in jeder Stellung halten können. Für die Drehbewegung gibt es keine Redundanz in Form einer doppelten Ausführung des Drehgetriebes, hier wird eine zusätzliche Betriebssicherheit durch die konstruktive Überdimensionierung der Bauteile erreicht.

Totmannschalter

Dieser als Fußschalter ausgeführte Taster muss während des Betriebes des Auslegers ständig betätigt werden. Die Bewegungen des Auslegers/der Hubeinrichtung werden schlagartig stillgelegt, wenn er nicht mehr gedrückt wird. Haupt- und Korbsteuerstand sind mit jeweils einem Totmannschalter ausgerüstet.

Endbegrenzungen/Abschaltfunktionen

Um das Hubrettungsfahrzeug vor Überlastung, mechanischen Beschädigungen und auch vor unkontrollierten Bewegungen des Auslegers zu schützen, verfügt jedes Fahrzeug über entsprechende Abschaltfunktionen. Das Rechner-System, das die Bewegungen des Auslegers überwacht, schaltet bei Erreichen von Belastungsgrenzen oder der Endstellung die Bewegungen automatisch ab. Es erfolgt eine automatische Verlangsamung bis zum endgültigen Abschalten der Bewegung bei Erreichen der Abschaltpunkte. Dann ist nur noch die entgegengesetzte Bewegung möglich.

Bei Erreichen der Freistandsgrenze sowie der Benutzungsgrenze erfolgt eine Abschaltung der Bewegung. Eine Lastmomentwarneinrichtung prüft die auf den Hubrettungssatz ausgeübten Kräfte und schaltet ihn bei einer Überlastung automatisch ab.

Anstoßsicherungen

Anstoßsicherungen müssen den Hubrettungssatz vor einer unzulässigen Beanspruchung bei einem Anstoß sicher schützen. Ist der Ausleger gegen ein Hindernis gefahren und die Sicherung hat ausgelöst, kann die Anstoßsicherung aufgehoben werden, um die Bewegungen wieder freizugeben. Durch die Freigabe kann danach der Ausleger/die Hubeinrichtung mit der gegenläufigen Bewegung freigefahren werden.

Lastmomentwarneinrichtung

Eine Lastmomentwarneinrichtung erfasst alle auf den Hubrettungssatz im Freistand wirkenden Beanspruchungen, zusätzlich zu seinem Eigengewicht. Der Maschinist wird bei Erreichen optisch und akustisch gewarnt, wenn die Beanspruchung zu groß wird. Das Überwachungs- und Steuersystem schaltet die Leiterbewegung ab. Es können dann nur noch entlastende, das Kippmoment verringernde Bewegungen ausgeführt werden. Von den Herstellern werden unterschiedliche Messverfahren, verwendet.

Fahrerhaussicherung

Die Bereiche seitlich des Fahrerhauses, einschließlich geöffneter Türen, sind durch eine Abschaltung der Bewegungen »Drehen/Schwenken« und »Neigen/Senken« geschützt. Das rechnergesteuerte Überwachungssystem hat dabei ein fest einprogrammiertes virtuelles Feld, in dem keine Bewegungen möglich sind. Hierdurch werden Kollisionen mit der Fahrerkabine wirkungsvoll verhindert. Diese Sicherung wird auch geometrische Grenzerkennung genannt.

Bild 15: ***Drehanstoßsensoren überwachen bei Metz-Drehleitern Drehbewegungen. Stößt der Leitsatz gegen ein Hindernis, überdeckt der Sensor nicht mehr die Metallplatte, die Bewegung wird gestoppt. (Bild: N. Walle)***

Notbetrieb

Für den Fall eines Ausfalls der Hauptenergiequelle des Hubrettungssatzes ist eine Einrichtung für einen Notbetrieb vorzusehen. Der Notbetrieb kann durch manuell zu betätigende Hydraulikpumpen oder durch ein Notstromsystem, das ein von einem Elektromotor angetriebenes Hydrauliksystem mit Energie versorgt, durchgeführt werden. Es muss möglich sein, den Hubrettungssatz aus jeder Stellung sicher in die Fahrstellung zurückzuführen. Von einem sicheren und leicht zugänglichen Platz aus muss eine manuelle Betätigung des Notbetriebssystems möglich sein. Die erforderlichen Steuerungen für den Notbetrieb sind entsprechend zu kennzeichnen. Der Notbetrieb ist in der Bedienungsanleitung des Hubrettungsfahrzeuges beschrieben.

Achtung:

Notbetriebszustände dürfen nur zum Zurückfahren des Hubrettungssatzes verwendet werden. Im Notbetrieb sind alle sicherheitstechnischen Einrichtungen außer Funktion.

Niveauausgleichseinrichtung

Für diesen Begriff werden unterschiedliche Bezeichnungen genutzt, wie z. B. Geländeausgleichseinrichtung (bei HAB), Terrainausgleich oder Seitensenkrechteinstellung. Die Norm fordert eine Einrichtung, die einen Ausgleich einer Neigung für den Korbboden bzw. Sprossenebene zur Standfläche bis zu 7 Grad ermöglicht. Drehleitern sind mit einer selbsttätig arbeitenden Ausgleichseinrichtung ausgestattet, die

Bild 16: ***Der Niveauausgleich kann im Leitersatz (links) oder im Drehgestell (rechts) erfolgen. Bei in Fahrzeug-Längsachse geneigten Standflächen sind Unterlegkeile zu verwenden. (Bild: Gimaex)***

Bild 17: ***Die Abstützung der Hubarbeitsbühne nivelliert das Podium und somit auch den Ausleger. (Bild: S. Kohlrusch)***

den Rettungskorb und die Sprossen immer waagerecht halten. Die Niveauausgleichseinrichtung muss bereits bei einer Abweichung von 1,5 Grad von der Lotrechten und einen Aufrichtwinkel von 40 Grad ansprechen. Hierbei ist unwesentlich, ob das Fahrzeug längs- oder quergeneigt ist.

Der Ausgleich wird automatisch und der Neigung angepasst durchgeführt. Je nach Drehleiterhersteller werden unterschiedliche Systeme für die Niveauausgleichseinrichtung des Leitersatzes verwendet. Die Niveauregulierung kann über die Abstützung, das Drehgestell oder den Leitersatz selbst erfolgen. Auch Kombinationen dieser Systeme sind möglich und können somit den Wirkungsgrad erhöhen. Die Steuerung erfolgt über Längs- und Querneigungsgeber, die dem Rechner-Netz die erforderlichen Signale zur Regelung des Niveauausgleiches liefern. Die Niveauausgleichseinrichtung kann am Hauptsteuerstand abgeschaltet werden. Eine rote Kontrollleuchte signalisiert dem Maschinisten die Abschaltung. Die Ausgleichseinrichtung muss, wenn die Leiter zurückgenommen wird, wieder eingeschaltet werden. Vor dem Ablegen des eingefahrenen Leitersatzes in die Auflage wird das Ausgleichssystem automatisch in die Grundstellung zurückgeführt. Bei Hubarbeitsbühnen wird der Niveauausgleich ausschließlich über die Abstützung hergestellt, der das Fahrzeug zum Abschluss des Abstützvorganges in eine waagerechte Position bringt.

Abstützung

Bevor der Leitersatz bewegt werden kann, muss das Fahrzeug sicher stehen, denn die Hauptgefahr beim Betrieb eines Hubrettungsfahrzeugs geht von einer mangelhaften Standsicherheit aus (siehe auch Kapitel 7.14.4).

Merke:

Die Standsicherheit eines Hubrettungsfahrzeugs muss in jeder Betriebsstellung gewährleistet sein. Hierzu muss die Summe der Standmomente immer größer als die Summe der Kippmomente sein.

Wichtigstes physikalisches Prinzip zur Beurteilung der Standsicherheit eines Hubrettungsfahrzeugs ist das Hebelgesetz:

Kraft × Kraftarm = Last × Lastarm

Dabei ist zu beachten, dass die Standmomente immer größer sein müssen als die Lastmomente. Als Moment wird in der Mechanik die Ursache einer Kraftwirkung bezeichnet. Umgesetzt auf das Hubrettungsfahrzeug heißt dies, dass die Gewichtskraft auf die Abstützungen – erzeugt durch die Eigenmasse zweiseitiger Hebel des Fahrzeugs – größer sein muss, als die Kraft, die durch Eigenmasse plus Nutzlast des Auslegers erzeugt wird, oder angewendet auf das Hebelgesetz:

Kraft × Kraftarm > Last × Lastarm

Die Standmomente werden durch das Aus- oder Einfahren der Abstützung vergrößert oder verkleinert. Für die Praxis bedeutet das: Je weiter die Abstützung ausgefahren werden kann – je länger also der Kraftarm wird –, umso größer ist die mögliche Ausladung beziehungsweise desto länger kann der Lastarm sein.

Ein Beispiel hierzu: Einsatz zur Menschenrettung, Anleiterart frontal, die Drehkranzmitte soll so nah wie möglich am Objekt positioniert werden. Bei einer Magirus-Drehleiter des Typs CS GL-T (computerstabilisiert, Gelenkleiter mit Teleskopteil) beträgt die Drei-Personen-Freistandsgrenze bei maximaler Abstützung ca. 18 Meter. Sie verringert sich bei minimaler Abstützung auf ca. zehn Meter.

Um dem Hubrettungsfahrzeug eine große Standbasis zu verleihen und die Elastizität des Rahmens, der Federn und der Reifen auszuschalten, sind im Unterbau des Fahrzeuges eine Federfeststellvorrichtung und eine Fahrzeugabstützung angebracht. Die Abstützung muss die Belastungen sicher auf die Standfläche übertragen und die nachteiligen Einflüsse der Bereifung sowie der Federung unwirksam machen. Es muss eine Vertiefung der Standfläche von mindestens 50 mm ausgeglichen werden können Die Bodenteller der Abstützung müssen bis zu 15 Grad gegen die Waagerechte in allen Richtungen schwenkbar sein. Einrichtungen wie selbsttätig wirkende Sperrblöcke in der Zu- und Rücklaufleitung verhindern ein unbeabsichtigtes Absacken der Abstützung beim Bewegen des Leitersatzes. Die Abstützung muss eine elektrisch leitende Verbindung zwischen Ausleger und Standfläche gewährleisten, auch wenn Unterlegklötze verwendet werden. Diese Unterlegklötze müssen elek-

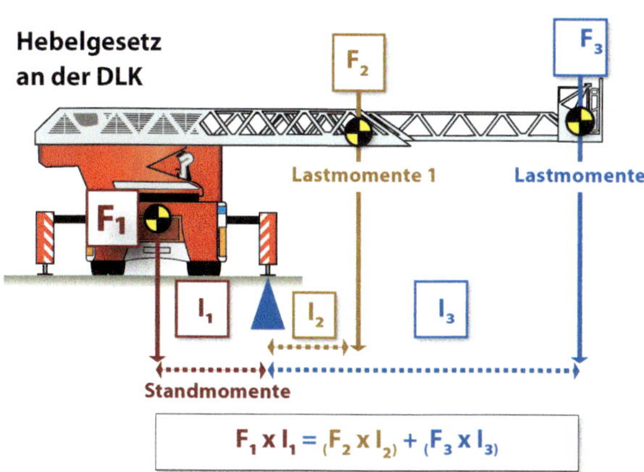

Bild 18: ***Das Hebelgesetz***

4

trisch leitfähig sein, dies kann durch ein umlaufendes Metallband erreicht werden. Die über die Fahrzeugumrisse hinausragende Abstützung ist mit einer rot-weißen Warnmarkierung zu versehen, an der äußeren Kante ist eine gelbe Warnblinkleuchte vorgeschrieben.

Die Hersteller bieten unterschiedliche Abstützsysteme an:

- Waagerecht-Senkrecht-Abstützung (H-Abstützung),
- Vario-Abstützung (X-Abstützung),
- Schräg-Abstützung (A-Abstützung)
- Senkrecht-Abstützung (I-Abstützung).

Die Waagerecht-Senkrecht-Abstützung (auch H-Abstützung genannt) fährt zunächst den Ausschubträger aus. Bei der erreichten Ausfahrweite wird der Abstützzylinder ausgefahren. Dieses System wird bei Drehleitern der Firma Metz und auch bei einigen Bauvarianten der Firma Camiva verwendet. Bei Hubarbeitsbühnen nutzt man dieses Abstützsystem ebenfalls.

Die X-Abstützung arbeitet mit Teleskop-Stützbalken, die zuerst waagerecht ausfahren und bei der erreichten Ausfahrweite abgesenkt werden. Dieses System wird von der Firma Magirus verwendet und dort Vario-Abstützung genannt. Gimaex-Riffaud und Camiva verbauen ebenfalls variable X-Abstützungen in ihren Drehleitern.

Die Schräg-Abstützung (auch A-Abstützung genannt) besteht aus vier Stützbalken, die in einer diagonalen Bewegung ausgefahren werden. Sie wurde bis 1972 bei nahezu allen Drehleitern verwendet. Heute findet man diese Abstützform auch noch bei Drehleitern DLAK 18/12 und DLAK 12/9.

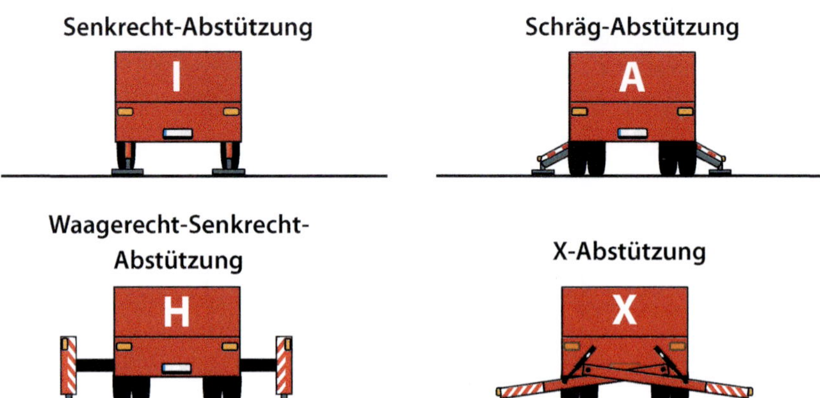

Bild 19: ***Die Abstützarten im Überblick: Senkrecht-Abstützung (oben links), Schräg-Abstützung (oben rechts), Waagerecht-Senkrecht-Abstützung (unten links), X-Abstützung (unten rechts)***

Die Senkrecht-Abstützung (auch I-Abstützung genannt) wurde bis in die 1960er-Jahre bei allen Drehleitern in Form von manuell zu betätigenden Fallspindeln verbaut. Bei Drehleitern des Feuerlöschgerätewerks Luckenwalde (FGL) aus DDR-Zeiten, aber auch bei den renovierten (refurbishment) FGL-Drehleitern, findet man dieses Abstützsystem nach wie vor. Und auch Gimaex stattet die kleinsten Drehleitern, die DLAK 12/9, mit einer reinen Senkrecht-Abstützung aus.

Bei den beiden erst genannten Abstützsystemen ist eine variable Abstützbreite, nach den örtlichen Gegebenheiten, wählbar, was bei der Senkrechtabstützung nicht möglich ist. Bei der Schrägabstützung kann die Abstützbreite nur durch Unterbauen mit Unterlegklötzen verringert werden. Die Abstützbreite der abgelassenen Stützen durfte nach DIN 14701 4,50 Meter nicht überschreiten. Drehleitern nach gültiger Norm können eine größere Abstützbreite erreichen, die je nach Hersteller bis zu 5,20 Meter beträgt. Somit ist auch eine größere Ausladung des Auslegers möglich. Bei Hubarbeitsbühnen sind noch größere Abstützbreiten möglich. Vor jeder Bewegung der Abstützung ist sicherzustellen, dass sich im Bewegungsbereich keine Personen aufhalten. Um die maximale Ausladung und Leiterlänge über das gesamte Benutzungsfeld zu erreichen, müssen alle vier Stützen komplett ausgefahren werden. Ist dies unmöglich, werden die Stützen soweit es möglich ist ausgefahren. Die Steuerung reduziert dann automatisch die zulässige Ausladung und die maximale Leiterlänge. Die dem anzuleiternden Objekt zugewandte Abstützung sollte möglichst immer ganz ausgefahren werden, um hier die volle Ausladung und Leiterlänge zu erreichen.

Bild 20: ***Bei Drehleitern sind die Systeme H-Abstützung (links) und X-Abstützung (rechts) weit verbreitet. (Bild: M. Köppelmann)***

Praxis-Tipp:

Auch bei kleiner Abstützung kann mit maximalem Aufrichtwinkel immer die volle Leiterlänge, bei Ausfahren in Fahrzeuglängsachse über das Fahrerhaus oder über das Heck zudem die volle Ausladung erreicht werden.

Federfeststellung

Die Federfeststellung schaltet die Federwege der Fahrzeugfederung aus. Mithilfe einer Spannvorrichtung wird eine feste Verbindung zwischen dem Aufbau und der Achse hergestellt. Sie wird vor oder während des Abstützvorganges wirksam und ist zwangsgesteuert. Bei Drehleitern der Firma Iveco Magirus wird die Federung mit zwei über Rollen geführten Drahtseilen festgesetzt. Ein ähnliches Prinzip verwendet Gimaex-Riffaud. Bei diesen Drehleitern wird das Federpaket mithilfe eines Kettenzugs, der über einen Exzenter eingreift, ausgeschaltet. Die beiden Systeme werden über Hydraulikzylinder angezogen. Die Reifen verbleiben am Boden und vergrößern so den Bodenkontakt. Die Haftreibung der Reifen verhindert zusätzlich ein seitliches Wegrutschen des Fahrzeuges während des Leiterbetriebes. Das System der Firma Rosenbauer hebt die komplette Hinterachse von der Geländeoberfläche ab. Dies geschieht mithilfe von Klauen, die ein Hydraulikzylinder ausfährt und die so in am

Federpaket befestigte Bolzen greifen. Die Hinterachse wird über das Ausfahren der Abstützzylinder dann vom Boden abgehoben. So kann das Gewicht der kompletten Hinterachse zu Gunsten der Ausladung dem Standmoment der Drehleiter zugeordnet werden. Dasselbe System wird von Rosenbauer auch in deren Hubarbeitsbühnen angewendet. Kontrollleuchten zeigen die Wirksamkeit der Federfeststellvorrichtung an. Erst wenn die Federfeststellung die Achse verriegelt hat und die Abstützung den Bodenkontakt der Steuerung gemeldet hat, gibt diese die Leiterbewegungen frei.

4.5 Hubrettungsfahrzeuge

Ein Hubrettungsfahrzeug ist ein Feuerwehrfahrzeug, das mit einer Drehleiter oder einer Hubarbeitsbühne ausgerüstet ist (DIN EN 1846 Teil 1). Ein Hubrettungsfahrzeug besteht aus:

- dem Fahrgestell,
- dem Aufbau und
- dem maschinell angetriebenen Hubrettungssatz mit oder ohne Korb.

4.5.1 Leiterklassen

Die Drehleitern bestehen aus einem Fahrgestell mit eigenem Antrieb, dessen Motor die für die gesamte Bedienung der Drehleiter erforderliche Energie liefert, dem Aufbau und einem kraftbetriebenen Ausleger in Form einer Leiter mit oder ohne Korb. Drehleitern werden in die drei Leiterklassen 18, 24 und 30 eingeteilt. Der Zahlenwert gibt die maximale Rettungshöhe in Metern an.

Die Nennreichweite (siehe auch Kapitel 4.2) fließt in den verschiedenen europäischen Ländern mit unterschiedlichen Werten in die Drehleiterbezeichnung ein.

4.5.2 Drehleitern mit sequenziellen Bewegungen (DLS)

Drehleitern mit aufeinander folgenden (sequenziellen) Bewegungen werden auch Halbautomatik-Drehleitern genannt. Sie werden aufgrund ihrer technischen Nachteile gegenüber Drehleitern mit kombinierten Bewegungen, den so genannten Automatik-Drehleitern, bei deutschen Feuerwehren bisher nicht verwendet. Bei diesen Fahrzeugen sind alle Einsatzbewegungen nur aufeinander folgend möglich.

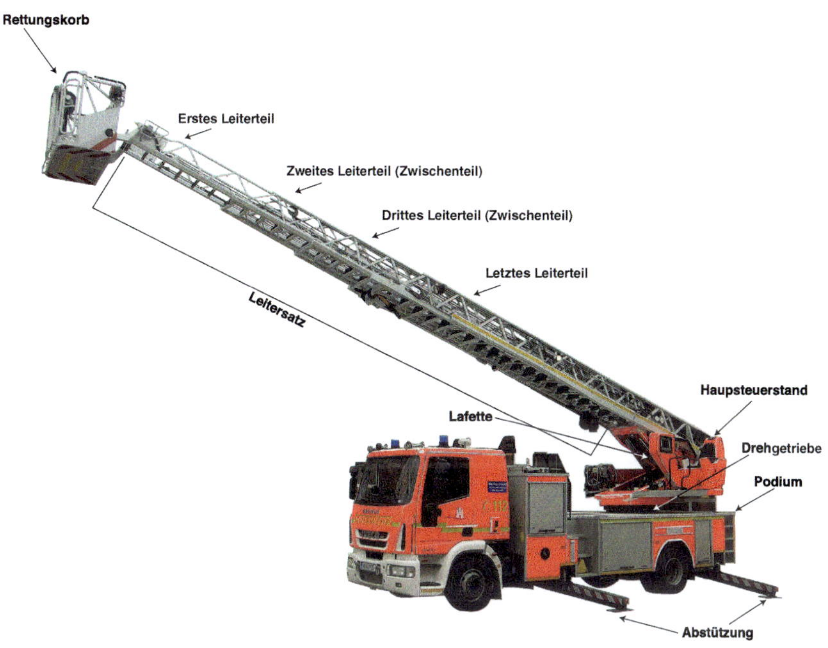

Bild 21: ***Bauteile einer Drehleiter (Bild: VWK/Unger)***

Genormt sind Halbautomatik-Drehleitern (DLS) der Leiterklassen 18, 24 und 30 Meter mit maschinellem Antrieb.

Tabelle 2: ***Genormte Drehleitern mit sequenziellen Bewegungen***

Klasse 18	DLS 12/9	DLSK 12/9 (mit Korb)	zul. Gesamtmasse 13 t
Klasse 24	DLS 18/12	DLSK 18/12 (mit Korb)	zul. Gesamtmasse 14 t
Klasse 30	DLS 23/12	DLSK 23/12 (mit Korb)	zul. Gesamtmasse 16 t
Klasse > 30 bis 56	z. B. DLS 37	z. B. DLSK 56	keine Festlegung

Halbautomatische (sequenzielle) Drehleitern sind hauptsächlich in Frankreich gebräuchlich. Man findet Fahrzeuge der Hersteller Magirus/Camiva und Gimaex.

Aufgrund der stark vereinfachten Steuerung ist der konstruktive Aufwand geringer als bei Automatikleitern. Die tatsächliche Rüstzeit ist jedoch, durch die

Steuerung bedingt, länger als bei Automatik-Drehleitern, auch wenn sie im Normbereich liegt.

4.5.3 Drehleitern mit kombinierten Bewegungen (DLA)

Drehleitern mit kombinierten Bewegungen werden auch Automatik-Drehleitern genannt. Alle Einsatzbewegungen sind miteinander kombinierbar und können zur selben Zeit ausgeführt werden. Dies gilt allerdings nur für jeweils eine Bewegungsrichtung. Genormt sind Automatik-Drehleitern (DLA) der Leiterklassen 18, 24 und 30 Meter mit maschinellen Antrieb.

Tabelle 3: ***Drehleitern mit kombinierten Bewegungen***

Klasse 18	DLA 12/9	DLAK 12/9 (mit Korb)	zul. Gesamtmasse 13 t
Klasse 24	DLA 18/12	DLAK 18/12 (mit Korb)	zul. Gesamtmasse 14 t
Klasse 30	DLA 23/12	DLAK 23/12 (mit Korb)	zul. Gesamtmasse 16 t
Klasse > 30 bis 56	z. B. DLA 37	z. B. DLAK 56	keine Festlegung

Im Folgenden werden die jeweiligen Ausführungen der Drehleitern gemäß DIN EN 14043 (Automatik-Drehleitern) mit Korb beschrieben, da diese Drehleitern hauptsächlich bei deutschen Feuerwehren eingesetzt werden.

4.5.4 Drehleiter 12/9 (Leiterklasse 18)

Die DLAK 12/9 ist das kleinste genormte Hubrettungsfahrzeug.

Diese Drehleiter erreicht eine Nennrettungshöhe von zwölf Metern bei einer Nennausladung von neun Metern. Mit ihr kann die Brüstungsoberkante eines Fensters im 4. Obergeschoss eines Gebäudes mit normalen Geschosshöhen erreicht werden. Die maximale Rettungshöhe liegt bei 18 Metern.

Man findet Drehleitern der 18-Meter-Klasse vornehmlich in Städten mit enger Altstadtbebauung, oft als zusätzliches Hubrettungsfahrzeug einer Feuerwehr. Diese Fahrzeuge sind aufgrund des geringen Radstands und der geringen Baumaße sehr wendig. Die tatsächliche Gesamtmasse kann 9 t unterschreiten, laut Norm sind maximal 13 t zulässig.

Maximale Gesamtmaße nach DIN EN 14043 (L/B/H): 9,50 m/2,50 m/3,30 m

Bild 22: ***Das kleinste genormte Hubrettungsfahrzeug ist die DLAK 12/9. Hier das der FF Helgoland mit Gimaex-Aufbau (Bild. J. O. Unger)***

4.5.5 Drehleiter 18/12 (Leiterklasse 24)

In Städten und Gemeinden, in denen der Zweite Rettungsweg an allen Gebäudehöhen mit einer DLAK 18/12 sichergestellt werden kann, ist diese Drehleiter ausreichend. Mit ihr kann die Brüstungsoberkante eines Fensters im 6. Obergeschoss eines Gebäudes mit normaler Geschosshöhe erreicht werden. Sie muss eine Nennrettungshöhe von 18 Metern bei einer seitlichen Nennausladung von zwölf Metern erreichen. Zudem kann auch eine Rettungshöhe von 23 Meter erreicht werden. Somit wird durch diese Hubrettungsfahrzeuge auch die Hochhausgrenze abgedeckt, wenn die Drehkranzmitte mit einem Abstand von sechs Metern zum Objekt positioniert wird[4].

4 Mit dem Norm-Entwurf der DIN 14701-2: 1987-11 sollten die DL 23-6 und die DL 16-4 (bzw. deren K-Variante) zusätzlich zur DL (K) 23-12 in die Norm aufgenommen werden (nominell große NennrettungshöheNennrettungshöhe bei geringer Ausladung). Letztlich haben sich dann die Drehleitern mit nominell größeren Nennausladungen normativ durchgesetzt: DL (K) 23-12, DL (K) 18-12 und DL (K) 12-9.

Bild 23: ***DLK 18-12 der FF Oyten (Niedersachsen), Aufbau: Metz (Bild: J. O. Unger)***

Die maximale Rettungshöhe beträgt etwa 24 Meter. Die geringeren Abmessungen des Fahrgestells, ein kleinerer Wendekreis und geringere Anschaffungskosten können Vorteile gegenüber der Beschaffung einer DLAK 23/12 sein.

Maximale Gesamtmaße nach DIN EN 14043 (L/B/H): 9,50 m/2,55 m/3,30 m

Merke:

Bei Rettungshöhen bis 15 Meter sind die Ausladungswerte und somit der taktische Einsatzwert einer DLAK 18/12 nahezu identisch mit dem einer DLAK 23/12.

Im Normenausschuss Feuerwehrwesen (FNFW) des DIN wurden im Zuge der Einführung des Digitalfunks für die Behörden und Organisationen mit Sicherheitsaufgaben (BOS) so genannte Operativ-Taktische Adressen (OPTA) für Hubrettungsfahrzeuge festgelegt. Hierbei wurden nicht die Leiterklassen, sondern die Nennrettungshöhen als Unterscheidungskennzeichnung genutzt. Dabei kann es gerade bei der DLAK 18/12 und der Drehleiter der Leiterklasse 18 (DLAK 12/9) zu Verwechselungen kommen, denn die »18« wird jetzt normseitig für zwei unterschiedlich große Drehleitern genutzt.

Bild 24: *DLAK 18/12 mit Magirus-Aufbau (Bild: J. Thorns)*

Bild 25: *Metz-DLAK 23/12 der BF Karlsruhe (Bild: Metz)*

Bild 26: *Magirus-DLAK 23/12 der FF Lilienthal (Bild: J. O. Unger)*

Bild 27: *Gimaex-DLAK 23/12 (Bild: Gimaex)*

Tabelle 4: *Vergleich der Leiterklassen und der OPTA-Bezeichnung*

Normbezeichnung der Drehleiter	Leiterklasse gemäß DIN EN 14043	Bezeichnung gemäß OPTA durch FNFW
DLAK 12/9	18	DLK 12
DLAK 18/12	24	DLK 18
DLAK 23/12	30	DLK 23

4.5.6 Drehleiter 23/12 (Leiterklasse 30)

Die DLAK 23/12 ist die Standard-Drehleiter bei deutschen Feuerwehren. Mit ihr müssen Nutzungseinheiten mit einer Fußbodenoberkante bis 22 m über Geländeoberfläche (Hochhausgrenze) angeleitert werden können. Hierfür ist das Erreichen der Nennrettungshöhe von 23 Metern bei zwölf Meter seitlicher Nennausladung notwendig (siehe auch Kapitel 3). Die maximale Rettungshöhe beträgt bei dieser Drehleiter 30 Meter. Maximale Gesamtmaße nach DIN EN 14043 (L/B/H): 11 m/ 2,50 m/3,30 m

4.5.7 Besonderheiten bei Drehleitern

Bei Drehleitern mit Gelenkarm handelt es sich um eine Drehleiter mit fünfteiligem Leitersatz, in dessen erstem Leiterelement ein Gelenk eingebaut ist. Das etwa 3,50 Meter lange Leiterteil mit dem Rettungskorb lässt sich bis zu 75° hydraulisch nach unten abwinkeln. Somit können auch zurückgesetzte Dachgauben oder -flächen und Bereiche hinter Brüstungen erreicht werden. Magirus stellte 2010 eine neue Drehleiter mit abwinkelbarem obersten Leiterteil vor, die nur noch über vier Leiterelemente verfügt. 2013 hat Gimaex ein vergleichbares Modell präsentiert.

Um die Einsetzbarkeit von Drehleitern, vor allem im innerstädtischen Bereich, weiter zu verbessern, werden auch Fahrzeuge angeboten und eingesetzt, die die nach Norm zulässige Fahrzeughöhe von 3300 mm wesentlich unterschreiten. Diese Drehleitern in Niedrigbauart können aufgrund einer Fahrzeughöhe < 3000 mm besonders in Altstadtbereichen, beispielsweise beim Befahren von Innenhöfen mit geringen Zufahrtshöhen eingesetzt werden. Die geringeren Fahrzeughöhen werden durch entsprechende Fahrgestelle oder spezielle Fahrerkabinen erreicht, die vor die Vorderachse verlegt und tiefer gesetzt sind.

Hinterachszusatzlenkung

Enge Straßen und Falschparker machen es dem Maschinisten schwer, Einsatzstellen schnell und sicher zu erreichen. Um die Wendigkeit von Drehleitern auch in engen Innenstadtbereichen sicherzustellen, werden einerseits Fahrgestelle mit kurzem Radstand und einem Hubrettungssatz mit fünfteiligem Leitersatz angeboten.

Andererseits können zwangsgelenkte Nachlaufachsen oder Fahrgestelle mit lenkbaren Hinterachsen in das Fahrgestell integriert werden (Hinterachszusatzlenkung – HZL). Der Wendkreis verringert sich, dadurch wird die Drehleiter manövrierfähiger.

Bild 28: *Magirus-Drehleiter DLAK 23/12 mit abwinkelbarem obersten Leiterteil mit vierteiligem Leitersatz (Bild: J. Thorns)*

Bild 29: *Durch gelenkte Hinterachsen wird die Wendigkeit eines Hubrettungsfahrzeugs deutlich erhöht. (Bild: BF Bremen)*

Um diese Wendigkeit nicht gleich wieder zu verlieren, sollte ein möglichst geringer hinterer Überstand des Aufbaus hinter der Hinterachse realisiert werden. Drei Lenkvarianten sind mit der Hinterachszusatzlenkung möglich:

- Normallenkung,
- Fahrt mit gelenkter Hinterachse (Allradlenkung) und
- die Parallelfahrt, der so genannte Hundegang.

Über einen Wählschalter wird die Hinterachse proportional oder unabhängig von der Stellung der Vorderachse gelenkt. Die Höchstgeschwindigkeit des Fahrzeuges mit eingeschalteter HZL ist begrenzt. Drehleitern, die auf Fahrgestellen mit Allradantrieb aufgebaut werden, sind selten. So haben einige kommunale Feuerwehren aufgrund spezieller topografischer Gegebenheiten, z. B. in Gebirgsregionen, »Gelände-Drehleitern» beschafft. Auch einige Flughafenfeuerwehren verfügen über Drehleitern mit Allradantrieb, um beispielsweise abseits der Landebahn Menschenrettungen an havarierten Luftfahrzeugen durchführen zu können.

4.5.8 Hubarbeitsbühnen

Zu den Hubrettungsfahrzeugen zählt auch der mit einer Arbeitsbühne ausgerüstete Teleskopmast. Bei diesen so genannten Hubarbeitsbühnen (HAB) handelt es sich um Feuerwehrfahrzeuge mit einer starren, teleskopierbaren Konstruktion, die zusätzlich mit einem Gelenk versehen sein kann. An diesem Ausleger ist ein Korb befestigt. Hubarbeitsbühnen der Feuerwehr und des Rettungsdienstes dürfen nur als Aufbau auf einem Kraftfahrzeug ausgeführt sein.

Hubarbeitsbühnen werden gemäß DIN EN 1777 in zwei Grundtypen eingeteilt:

- Typ A: Hubarbeitsbühnen, bei denen sich die senkrechte Achse des Lastschwerpunktes immer innerhalb der Kippkanten befindet,
- Typ B: Hubarbeitsbühnen, bei denen sich die senkrechte Achse des Lastschwerpunktes außerhalb der Kippkanten befinden kann.

Daneben wird eine weitere Unterteilung in drei Gruppen vorgenommen:

- Gruppe 1: Umsetzen ist nur zulässig, wenn sich die Hubarbeitsbühne in Transportstellung befindet;
- Gruppe 2: Umsetzen mit angehobener Arbeitsbühne, bedienbar vom Steuerstand auf der Arbeitsbühne;
- Gruppe 3: wie Gruppe 2, jedoch mit Eigenantrieb.

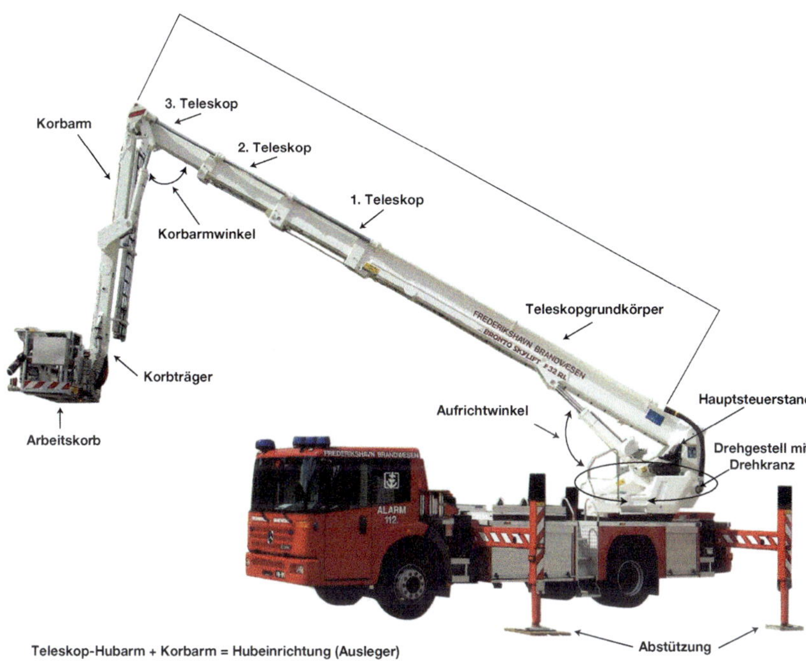

Bild 30: *Die Bauteile einer Hubarbeitsbühne (Bild: VWK/O. Huth)*

Bild 31: *Um je 45 Grad nach links und rechts vom Korbarm lässt sich die Arbeitsbühne drehen. (Bild: J. O. Unger)*

Bei den Hubarbeitsbühnen der Feuerwehren muss es sich um Fahrzeuge des Typs B, Gruppe 1, handeln. Die hierfür verwendeten Fahrgestelle/Untergestelle müssen den Anforderungen der DIN EN 1846-2 (Allgemeine Anforderungen, Sicherheit und Leistung) entsprechen.

Die ersten Hubarbeitsbühnen waren als Gelenkmastbühnen ausgeführt. Bei einer Gelenkmastbühne erfolgt der Bewegungsablauf durch Schwenken der Mastarme um ihre Gelenkpunkte. Die beiden Systeme »teleskopierbare Drehleiter« und Gelenkmast wurden zum Teleskop-Gelenkmast weiterentwickelt. Hierbei ist der Hauptmast (Hubarm genannt) teleskopierbar, der Korb wird hinter dem Fahrerhaus abgelegt.

Am Korbarm ist der Arbeitskorb über den so genannten Korbträger fest montiert. Die Teleskopmastbühnen, die bei Feuerwehren heute zum Einsatz kommen, werden entsprechend der DIN EN 1777 »Hubrettungsfahrzeuge für die Feuerwehren und Rettungsdienst, Hubarbeitsbühnen (HABn) – Sicherheitstechnische Anforderung und Prüfung« gebaut. In dieser Norm sind jedoch keine Fahrzeugtypen festgelegt und auch leistungstechnische Anforderungen fehlen.

Die Rüst- bzw. Aufstellzeit einer HAB ist länger, als die Rüstzeit einer Drehleiter, da die Bewegungen deutlich langsamer erfolgen. Die meisten der Hubarbeitsbühnen, die in den Leistungswerten, insbesondere Rettungshöhe, Drehleitern der 30-Meter-Klasse entsprechen, sind von der Gesamtmasse her deutlich schwerer als Drehleitern: Eine Gesamtmasse von 18 Tonnen und mehr sind dabei die Regel. Die Hersteller Bronto Skylift und Metz Aerials haben allerdings auch Fahrzeuge mit einer maximalen Gesamtmasse von 16 Tonnen entwickelt, um den Anforderungen an die Flächen der Feuerwehr gerecht zu werden. Mit den immer anspruchsvolleren Abgasnormen werden die Fahrgestelle allerdings immer schwerer und so wird es für die Hersteller immer schwieriger, HAB mit einer Gesamtmasse von 16 Tonnen zu realisieren.

Die Arbeitshöhe der Hubarbeitsbühnen reicht von etwa 20 Metern bis zu rund 100 Metern. Von kommunalen Feuerwehren werden bisher Fahrzeuge mit einer Arbeitshöhe von bis zu 55 Metern eingesetzt. Werkfeuerwehren setzen auch deutlich größere Fahrzeuge für spezielle Einsatzgebiete ein.

Eine Hubarbeitsbühne besteht aus einem Fahrgestell, einem Aufbau zur Aufnahme der Besatzung (selbstständiger Trupp 0/1/2/3) und einer feuerwehrtechnischen Beladung sowie einer vollhydraulischen Hubeinrichtung. Seitlich an diesem Hubrettungssatz soll eine durchgängige Rettungsleiter fest angebracht sein. Weiterhin können im Hubrettungssatz neben einer Löschmittelleitung für den Schaum-/Wasserwerfer auch Leitungen für Druckluft und Strom fest verlegt sein. Der Arbeitskorb ist mit dem Rettungskorb einer Drehleiter vergleichbar. Er ist für mindestens drei Personen zugelassen, kann im Vergleich zur Drehleiter aber eine größere Nutzlast aufweisen. So können bis zu fünf Personen in einem Korb befördert werden, wenn die zulässige Gesamtmasse des Fahrzeugs 18 Tonnen übersteigt. Anders als der Rettungskorb der Drehleiter, kann der Arbeitskorb der Hubarbeitsbühne auch seitlich um je 45 Grad nach links und rechts vom Korbarm verschwenkt werden.

Der Korbrand kann so parallel zum angesteuerten Einsatzziel gestellt werden, auch wenn die Position des Hubrettungsfahrzeugs an sich nicht optimal gewählt werden konnte. Am Korb kann ein Schaum-/Wasserwerfer fest angebracht sein. Er kann unabhängig von der jeweiligen Position des Auslegers mit der vollen Leistung zum Einsatz kommen.

Große Teleskopmastbühnen ermöglichen das Retten von Personen auch aus exponierten Höhen, die mit Drehleitern der 30-Meter-Klasse nicht zu erreichen sind. Das Retten übergewichtiger (adipöser) Personen kann aufgrund des größeren Korbes mit zum Teil höherer Nutzlast einfacher sein.

4.5.9 Vergleich der beiden Systeme DL und HAB

Seitdem Hubarbeitsbühnen mit einer zulässigen Gesamtmasse von 18 Tonnen und weniger angeboten werden, sind sie als Hubrettungsfahrzeuge für Feuerwehren zunehmend interessanter, da sie bei einer Gesamtmasse von maximal 16 Tonnen auch auf Flächen für die Feuerwehr eingesetzt werden können. Mittlerweile sind diverse Vergleiche zwischen den beiden Systemen Drehleiter und Hubarbeitsbühne veröffentlicht worden. Dabei wurde immer wieder deutlich, dass Hubarbeitsbühnen im Vergleich zu Drehleitern eine größere maximale Abstützbreite benötigen, eine verlangsamte Kinematik besitzen und somit die Rüstzeit deutlich größer ist. Als Vorteile der Hubarbeitsbühnen werden beispielsweise größere Rettungskörbe und fest verlegte Versorgungsleitungen für Atemluft oder Wasser angeführt. Einen wirklichen Vergleich der Leistungsfähigkeit beider Hubrettungssysteme Drehleiter und Hubarbeitsbühne kann man über die Ausladungswerte erreichen, da die nutzbare Ausladung ein entscheidendes Merkmal bei der Menschenrettung über ein Hubrettungsfahrzeug ist (siehe auch Kapitel 7.4). Hierzu muss man dafür das Ausladungsdiagramm einer modernen DLAK 23/12 mit dem einer Hubarbeitsbühne in derselben Leistungsklasse vergleichen. Die Hubarbeitsbühne sollte für einen echten Vergleich allerdings eine zulässige Gesamtmasse von maximal 16 Tonnen aufweisen, denn nur diese HAB können auf den Flächen für die Feuerwehr eingesetzt werden.

Auffallend ist, dass die Ausladung der Drehleiter von der Stützenaußenkante gemessen wird, die der Hubarbeitsbühne allerdings von der Drehkranzmitte (DKM).

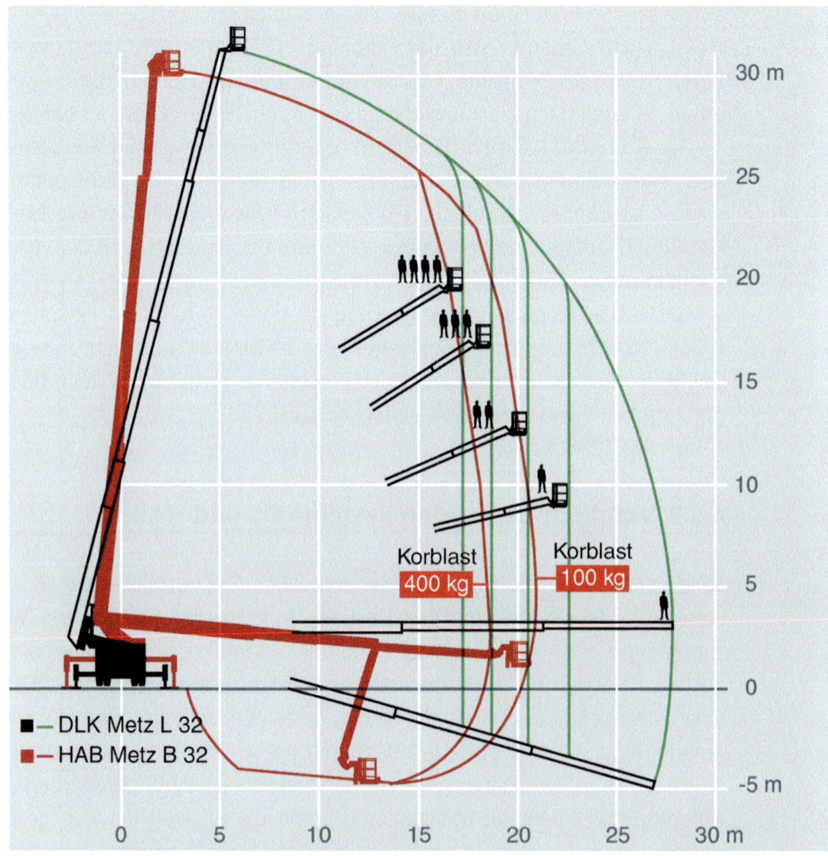

Bild 32: ***Vergleich der Ausladungen einer DLAK 23/12 und einer HAB (30 m Arbeitshöhe, Zulässiges Gesamtgewicht 16 000 kg)***

Allein hieraus ergibt sich ein Unterschied, je nach Hersteller von etwa 2,50 Metern. Diesen muss man zu den angegebenen Werten im Diagramm der Drehleiter hinzurechnen, um eine wirkliche Vergleichbarkeit zur Hubarbeitsbühne zu erreichen.

Ein Vergleich der Ausladungswerte beider Systeme – Drehleiter und Hubarbeitsbühne – sollte auf eine einfache und logische Weise erfolgen. Laut der Drehleiter-Norm DIN EN 14043 wird die Ausladung zwar von der Stützenaußenkante gemessen, allerdings ist der einsatztaktisch richtige Bezugspunkt die Drehkranzmitte. Daher werden in diesem Buch auch beide Systeme mit dem Bezugspunkt Drehkranzmitte miteinander verglichen. Dies erleichtert den Vergleich der Ausladungswerte von Drehleiter und Hubarbeitsbühne.

Praxis-Tipp:

Bei der Neubeschaffung eines Hubrettungsfahrzeugs sollte genau darauf geachtet werden, wie die Ausladungswerte angegeben werden. Nur so ist ein Vergleich zwischen den Produkten der Hersteller und der verschiedenen Systeme möglich. Einige Hersteller bewerben ihre Produkte mit Ausladungsangaben gemessen von der Drehkranzmitte zum Lot des Korbes/letzte Sprosse des Leitersatzes. Diese Angaben sind dann natürlich immer größer als die nach den Normen für Drehleitern korrekt ermittelten Ausladungswerte.

Die Freistandsgrenzen verlaufen bei der Drehleiter bis zum Erreichen der maximalen Leiterlänge lotrecht. Das heißt, dass man beispielsweise eine Zuladung in den Rettungskorb von 400 Kilogramm bei etwa 17,5 Metern (Achtung: für die echte Vergleichbarkeit von der Drehkranzmitte aus gemessen!) unabhängig von der Höhe erreicht. Bei der Hubarbeitsbühne hingegen nimmt die nutzbare Ausladung mit zunehmender Rettungshöhe ab. Das bedeutet, dass man die 400-Kilogramm-Zuladungsgrenze in 15 Metern Höhe auch bei etwa 17,5 Metern Ausladung erreicht. In einer Höhe von 23 Metern erreicht man mit einer Korblast von 400 Kilogramm allerdings schon keine 16 Meter Ausladung mehr. Mit den anderen Freistandsgrenzen bei HAB verhält es sich genauso.

Weiterhin wird deutlich, dass die Hubarbeitsbühne über kein Auflagefeld verfügt. Die Ausladung innerhalb des Auflagefelds einer Drehleiter beträgt dagegen im Maximum rund vier Meter zusätzlich.

Im Rahmen einer Neubeschaffung eines Hubrettungsfahrzeugs sollten die in Tabelle 5 angeführten Punkte miteinander verglichen werden.

Tabelle 5: ***Vergleich von Drehleiter und Hubarbeitsbühne***

Vergleichspunkt	Drehleiter der 30-Meter-Klasse (DIN EN 14043)	Hubarbeitsbühne entsprechend der 30-Meter-Klasse (DIN EN 1777)
Zulässige Gesamtmasse	16 t	16t (und deutlich mehr)
Nutzung auf Flächen für die Feuerwehr	Ja, uneingeschränkt	bis 16t ja, darüber hinaus nicht möglich

Tabelle 5: ***Vergleich von DrehleiterDrehleiter und HubarbeitsbühneHubarbeitsbühne – Fortsetzung***

Vergleichspunkt	**Drehleiter der 30-Meter-Klasse (DIN EN 14043)**	**Hubarbeitsbühne entsprechend der 30-Meter-Klasse (DIN EN 1777)**
Korbnutzlast	270 kg bis 500 kg	270 kg bis 500 kg
Rüstzeit	max. 140 Sekunden	max. 150 Sekunden
Kipppunkt (Fahrzeug kippt in Schräglage selbst weiter)	je nach Fahrgestell ca. 31°	je nach Fahrgestell ca. 28°
Freistands-/Ausladungsgrenzen	verlaufen lotrecht, bleiben konstant, auch bei zunehmender Rettungshöhe	verringern sich mit zunehmender Rettungshöhe
Auflagefeld	vorhanden	nicht vorhanden

Bild 33: ***Eine der größten in Dienst stehenden Drehleitern in Deutschland ist die DLAK 42 (Magirus M 42 L) der Werkfeuerwehr des Flughafens Stuttgart (Bild: J. Thorns)***

Bild 34: ***Die Drehleiter auf einer AlleyCat-Selbstfahrlaffette hat eine Leiterlänge von 18 m und wird auf einem Trägerfahrzeug, das einem Abschlepp-Fahrzeug ähnelt, transportiert. (Bild: O. Huth)***

Darüber hinaus sollten auch wirtschaftliche Vergleiche angestellt und auf die langfristige, oftmals 20 Jahre und länger betragende Nutzungsdauer abgestimmt werden. Ein günstiger Anschaffungspreis eines Hubrettungsfahrzeugs kann z. B. durch vergleichsweise deutlich höhere Reparatur- und Wartungskosten egalisiert werden. Dabei sollte auch beachtet werden, wo das Fahrzeug gewartet wird, wie lange es dafür außer Dienst genommen werden muss und was ein vergleichbares Ersatzfahrzeug für die Dauer der Wartung oder Reparatur kostet. Diese wirtschaftlichen Faktoren sollten vor der Neubeschaffung eines Hubrettungsfahrzeugs und der Entscheidung »Drehleiter oder Hubarbeitsbühne« von den Herstellern abgefragt bzw. im Leistungsverzeichnis der Ausschreibung eingefordert werden.

Hubrettungsfahrzeuge werden zudem von Kommunen beschafft, um den zweiten Rettungsweg nach Landesbauordnung für in Not geratene Bürger sicherzustellen. Der Normenausschuss Feuerwehrwesen (FNFW) hat in seiner Fahrzeug-Typenliste Hauptaufgaben für Drehleitern und Hubarbeitsbühnen festgelegt: Für Drehleitern ist es (Menschen-)Rettung und für Hubarbeitsbühnen sind es Brandbe-

Bild 35: ***Das »Multitalent« von Rosenbauer wird als DLAK 12-9 LF oder L 20 FA bezeichnet. (Bild: Rosenbauer)***

kämpfung und Technische Hilfeleistung. Hier wird somit vom zuständigen Fachgremium normseitig festgeschrieben, welches System als Hub-Rettungs-Fahrzeug anzusehen ist.

4.5.10 Besondere Einsatzfahrzeuge

Da aufgrund der Bauvorschriften ab der so genannten Hochhausgrenze (siehe auch Kapitel 3) ein zweiter baulicher Rettungsweg vorgeschrieben ist, findet man in Deutschland nur wenige Hubrettungsfahrzeuge, die größer sind als Drehleitern der 30-Meter-Klasse. Größere Hubrettungsfahrzeuge, die zur Sicherstellung des Zweiten Rettungsweges vorgehalten werden, sind in Deutschland immer Sonderlösungen für spezielle örtliche Verhältnisse. Dennoch wurden diese Fahrzeuge in den neuen Drehleiter-Normen in einer eigenen Leiterklasse > 30 bis 56 m zusammengefasst. Sie werden meist beschafft, um den Zweiten Rettungsweg in Bestandsbauten, z. B. Hochhäuser aus DDR-Zeiten ohne entsprechende bauliche Vorkehrungen, sicherzustellen. Deshalb verfügen die Berliner Feuerwehr über eine DLK 37 und die Berufsfeuerwehr Hoyerswerda verfügte über eine ursprünglich für den Export bestimmte DLK 44, die durch eine DLAK 39 ersetzt wurde. Aber auch bei Werkfeuerwehren oder speziellen anderen Objekten sind vereinzelt solche Hubrettungsfahrzeuge zu finden. So nutzte die Feuerwehr Lüneburg (Niedersachsen) bis 2008 eine DLK 37 zur Sicherstellung des Zweiten Rettungsweges am Schiffshebewerk Scharnebeck, ersetzt durch eine HAB Bronto Skylift F 40 RLX.

Die größten auf dem Markt erhältlichen Drehleitern sind derzeit die M 68 L von Magirus und die L 64 von Rosenbauer. Drehleitern dieser Größe sind mit einem Aufzug ausgerüstet, der auf den Obergurten der Leiter bis zur Leiterspitze fahren kann. Diese Drehleitern werden in Deutschland bislang jedoch nicht eingesetzt.

Eine spezielle bisher nur im skandinavischen Ausland zu findende Drehleiter wurde von Metz entwickelt. Diese Drehleitern, aufgebaut auf einem AlleyCat-Fahrgestell, wurden an die Feuerwehren Kopenhagen und Stockholm geliefert, um dort in enger Altstadt-Bebauung mit schwer zugänglichen Hinterhöfen einen zweiten Rettungsweg und einen alternativen Angriffsweg sicherzustellen.

Bild 36: ***Der »Multistar« von Magirus der FF Winterlingen als HuLF-Kombination (Bild: Magirus)***

4.5.11 Multifunktionsfahrzeuge

Eine besondere Kombination aus verschiedenen feuerwehrtechnischen Elementen, den wesentlichen Eigenschaften eines Löschfahrzeuges oder Rüstwagens mit einem Hubrettungsfahrzeug, stellen die Multifunktionsfahrzeuge dar. Diese, auch als Kombinationsfahrzeuge bezeichnet, werden seit 2001 auch von deutschen Feuerwehrfahrzeugherstellen angeboten. Diese Art der Fahrzeuge ist seit langem vor allem in den USA verbreitet und wird als »Quint« bezeichnet, was sich von »Quintuple Fire Apparatus« ableitet.

In Deutschland vertreiben vor allem die Hersteller der Hubrettungsfahrzeuge, nämlich Rosenbauer und Magirus, die Kombinationsfahrzeuge. Recht unbekannt ist bisher der so genannte »Allrounder« von Bronto Skylift. Hinter dieser Bezeichnung verbirgt sich ein Löschfahrzeug, kombiniert mit einer Hubarbeitsbühne mit einer maximalen Arbeitshöhe von 30 Metern.

Rosenbauer bietet ihr Kombinationsfahrzeug unter der Bezeichnung »Multitalent« an. Hierbei handelt es sich um eine Kombination aus einem Löschfahrzeug und einer Drehleiter DLAK 12/9. Früher wurde diese Kombination als DLK 12-9 LF bezeichnet, heute lautet der Rosenbauer-Eigenname »L 20 FA«, (Dreh)Leiter mit maximaler Arbeitshöhe von 20 Metern und einer »First-Attack«-Einrichtung. Das Fahrzeug verfügt über eine feuerwehrtechnische Beladung analog einem Tanklöschfahrzeug TLF 16/25 mit Staffelkabine inklusive eines Löschwasserbehälters mit bis zu 2000 Litern Fassungsvermögen und einer Feuerlöschkreiselpumpe FPN 10-1000. Die Drehleiter entspricht den Forderungen der DIN EN 14043.

Der Zwei-Personen-Rettungskorb an der Leiterspitze hat eine Nutzlast von 180 Kilogramm. An diesem Korb können ein Monitor oder eine Krankentragenlagerung angebaut werden. Das Staffelfahrzeug hat eine zulässige Gesamtmasse von 15 bis 16 Tonnen und kann somit auch auf Flächen für die Feuerwehr zum Einsatz gebracht werden. Rosenbauer bietet das Fahrzeug jedoch auch in anderen Ausführungen, z. B. mit anderen Leitersätzen und Gewichten an.

Unter der Bezeichnung »Multistar« vertreibt Magirus sein Kombinationsfahrzeug. Dies ist in den Ausführungen Hubarbeits-Löschfahrzeug (HuLF) und Hubarbeits-Rüstwagen (HuRW) bekannt. Die Hubarbeitseinrichtung ist als fernsteuerbarer Teleskop-Gelenkmast mit einem Drei-Personen-Korb, der eine Nutzlast von maximal 270 Kilogramm aufweist, ausgeführt. Der »Multistar« ist allerdings kein Hubrettungsfahrzeug im eigentlichen Sinne und derzeit in keinem Bundesland zur Sicherstellung des zweiten Rettungswegs zugelassen. Die feuerwehrtechnische Beladung des »Multistars« entspricht – je nach Ausführung – im Wesentlichen der eines

Löschgruppenfahrzeugs LF 20/16 bzw. eines Rüstwagens nach DIN 14555-3. Der Mannschaftsraum kann bis zu einer Gruppe Platz bieten.

Das zulässige Gesamtgewicht des »Multistar« liegt je nach Ausführung bei bis zu 18 Tonnen. Ein Problem beim Einsatz dieser Fahrzeuge sind die für 16 Tonnen Gesamtmasse ausgelegten Flächen für die Feuerwehr. Tragbare Leitern gehören oftmals nicht zur Beladung der Kombinationsfahrzeuge. Kombinationsfahrzeuge können ein Hubrettungsfahrzeug – Drehleiter oder Hubarbeitsbühne – nicht ersetzen. Sie bieten zwar die Möglichkeit, wirksame Erstmaßnahmen zu ergreifen, und mit ihnen kann durchaus bei einem Brand auch einmal eine Menschenrettung aus oberen Geschossen durchgeführt werden, sie bleiben aber immer Zwitterlösungen.

Die deutschen Feuerwehr-Dienstvorschriften, die auf ein Vorgehen im Trupp ausgelegt sind, machen die effektive und volle Nutzung solcher Fahrzeuge eigentlich unmöglich. Die Fahrzeuge haben ihren Ursprung in Nordamerika, wo im so genannten Truck-Work vorgegangen wird. Dabei wird der gesamten Besatzung eines Fahrzeugs ein eigener Auftrag zugewiesen, beispielsweise »Ventilation über Dachöffnung« oder »Löschangriff« oder »Herstellen einer Anleiterbereitschaft«. Ein weiterer Nachteil dieser Fahrzeuge ist, dass beim Ausfall einer Komponente, also Hubeinrichtung oder Feuerlöschkreiselpumpe das Fahrzeug komplett nicht mehr zur Verfügung steht, also auch nicht die eigentlich intakte Komponente. Entsprechend gering ist die Verbreitung dieses Fahrzeugtyps bei den Feuerwehren in Deutschland.

4.6 Beladung

In den deutschen Normen für Drehleitern werden in den nationalen Anhängen die feuerwehrtechnischen Standardbeladungen angeführt. Diese gelten in der Norm als Mindestanforderung und geben nicht die maximal mögliche Beladung wieder. Drehleitern verfügen über eine vergleichsweise geringe feuerwehrtechnische Beladung. Hierzu gehören außer wasserführenden Armaturen und Druckschläuchen auch Arbeitsgeräte, wie beispielsweise eine Motorkettensäge. Weitere Details der Normbeladung sind der Tabelle »Beladung« (nach dem deutschen Anhang zur DIN EN 14043) im Anhang 4 dieses Buches zu entnehmen. In der Norm für Hubarbeitsbühnen DIN EN 1777 ist kein Anhang für eine feuerwehrtechnische Beladung angeführt.

4.7 Zusatzeinrichtungen/Zusatzbeladung

Hubrettungsfahrzeuge sind heute mehr als nur reine Geräte für die Menschenrettung aus Wohngebäuden und Anlagen besonderer Art und Nutzung. So hat die Ausrüstung mit einem Rettungskorb dazu beigetragen, dass Drehleitern für vielfältige Einsatzmöglichkeiten genutzt werden können. Dies wird durch die unterschiedlichsten Anbauteile wie Krankentragenlagerung, Flutlichtstrahler, Wenderohre, Aufsätze für Kameras oder Überdruckbelüfter ermöglicht. Zusatzeinrichtungen erhöhen die Wirksamkeit einer reinen Drehleiter bzw. einer Hubarbeitsbühne und erhöhen damit das Einsatzspektrum des Hubrettungsfahrzeugs. Der Einsatzwert eines Fahrzeugs steigt mit der zusätzlichen Beladung durch sinnvoll ausgewählte Einsatzmittel. Vor der Beschaffung von Neufahrzeugen sollte also genau geprüft werden, welche Ausstattungen und Geräte den Einsatzwert verbessern.

Praxis-Tipp:

Jede fest am Rettungskorb oder Ausleger angebrachte Zusatzeinrichtung verringert die tatsächliche Ausladung und somit die Zuladung des Hubrettungsfahrzeugs im Fall einer Menschenrettung – auch dann, wenn die Einrichtung nicht verwendet wird. Der wirkliche Nutzen einer (ständig montierten) Zusatzeinrichtung sollte daher im Vorfeld sorgfältig geprüft werden.

Rettungskorb

Rettungskörbe sind in der DIN EN 14043 genormt. Sie können herstellerseitig mit einem Kurzzeichen, beispielsweise RK 270, bezeichnet werden. Die Abkürzung RK steht dabei für Rettungskorb, die Angabe 270 gibt die Tragfähigkeit in Kilogramm an. Rettungskörbe für eine Belastung von 270 Kilogramm (drei Personen) sind weit verbreitet. Neue Drehleiter-Rettungskörbe sind bei allen Anbietern mittlerweile für vier Personen oder eine Belastung von bis zu 500 Kilogramm ausgelegt. Ältere Drehleitermodelle verfügen über Rettungskörbe mit einer Tragkraft von 180 Kilogramm.

Aufgrund der schnellen Einsatzbereitschaft werden heute nur noch Stülp- bzw. Klappkörbe verbaut, ein zeitaufwändiger Anbau ist somit nicht mehr erforderlich. Abnehmbare Rettungskörbe müssen transportsicher am Hubrettungsfahrzeug untergebracht werden können.

Der Rettungskorb besteht aus einer Metall-Konstruktion mit einem rutschsicheren Boden. Mehrere Zugänge ermöglichen das sichere Einsteigen in den Korb. Auch ein

Bild 37: ***Drei-Personen-Rettungskorb von Metz mit einer Nutzlast von 270 kg (Bild: K. Thrien)***

Bild 38: ***Vier-Personen-Rettungskorb von Magirus mit einer Nutzlast von 400 kg (Bild: J. Thorns)***

Durchstieg zum Leiterpark ist möglich. Die Höhe der teilweise verkleideten und fest mit dem Korbboden verbundenen Umwehrung muss 1,10 Meter betragen. Den Abschluss dieser Umwehrung bildet ein Handlauf.

Weiterhin sind nach gültiger Norm im Rettungskorb Festpunkte eingebaut, an denen sich die Einsatzkräfte im Korb mit einem geeigneten und zugelassenen Gurtsystem sichern können.

Der Rettungskorb ist an einer Einhängevorrichtung an der Leiterspitze eingehängt. Bei Bedarf kann er auch durch zwei Personen ausgehängt werden. Alle Körbe sind heutzutage zwangsgesteuert, das heißt, dass der Korbboden beim Aufrichten oder Senken des Leitersatzes durch das Überwachungs- und Steuerungssystem automatisch in Waage gehalten wird.

Während des Abstützvorganges wird der Korb automatisch oder mithilfe eines Tasters aus der Fahrstellung in die Arbeitsstellung geschwenkt. Beim Einfahren der Abstützung wird der Korb dann wieder in die Fahrstellung geschwenkt. Ein unbeabsichtigtes Lösen des Rettungskorbes vom Leitersatz wird durch eine selbsttätige Verriegelung verhindert. Auch bei einem Anstoß des Rettungskorbes muss der Korb sicher in seiner Aufnahme bleiben. Eine Anstoßsicherung für den Korb unterbricht bei einem Anstoß alle Leiterbewegungen. Nur durch die Quittierung des Anstoßes durch den Maschinisten des Hubrettungsfahrzeugs und die entsprechende Gegenbewegung ist der weitere Betrieb des Hubrettungsfahrzeuges möglich.

Achtung:

Die Sicherheit der Einsatzkräfte und des Hubrettungsfahrzeugs darf durch die Verwendung von Zusatzeinrichtungen nicht gefährdet werden. Bei allen verwendeten Zusatzeinrichtungen sind die Bedienungsanleitungen der Hersteller zu beachten!

Krankentragenlagerung

Die Krankentragenlagerung ist eine Zusatzeinrichtung für den Rettungskorb und ermöglicht die Rettung von Personen aus Höhen und aus dem Unterflurbereich. Krankentragen können auf diesen speziellen Halterungen befestigt werden. Ist die vorhandene Trage des Rettungsdienstes für die Lagerung ungeeignet, kann die Klapptrage aus der Fahrzeugbeladung eingesetzt werden.

Praxis-Tipp:

Bei der Beschaffung eines neuen Hubrettungsfahrzeugs mit Krankentragenlagerung ist es sinnvoll, die im örtlichen Rettungsdienst verwendeten Krankentragen im Leistungsverzeichnis aufzuführen, um so die Kompatibilität untereinander sicherzustellen. Bei einer gemeinsamen Übung der Feuerwehr mit dem örtlichen Rettungsdienst kann dann überprüft werden, ob (neue) Trage(n) und Krankentragenlagerung zusammenpassen.

Bild 39: ***Drei-Personen-Rettungskorb von Magirus mit einer Nutzlast von 270 kg. Auf der Krankentragenlagerung kann eine Schleifkorbtrage fixiert werden. (Bild: J. O. Unger)***

Die Belastung der Krankentragenlagerung, abhängig vom Drehleiter-Typ, Hersteller und auch vom Alter der Drehleiter, beträgt 90 bis 250 Kilogramm. Sie kann im Transportfall seitlich am letzten Leiterteil, an der Rückwand des Podiumskastens oder an der Leiterauflage mitgeführt werden. Bei Hubarbeitsbühnen können je nach Größe auch deutlich höhere Nutzlasten der Krankentragenlagerung erreicht werden.

Im Einsatzfall wird die Krankentragenlagerung mit einem Zapfen in eine Aufnahmesäule des Rettungskorbes eingesetzt und durch eine Verriegelung gehalten. Bei Hubarbeitsbühnen kann die Krankentragenlagerung alternativ auf dem Korbboden fixiert werden. Eine selbstwirkende Arretierung hält die Tragenlagerung in der jeweiligen Stellung. Je nach Hersteller kann sie geschwenkt und etwa alle 15 Grad arretiert werden. Die Lagerung kann auch zur Aufnahme von Schleifkorbtragen ausgerüstet werden. Hierfür werden spezielle Sicherungen an der Krankentragenlagerung angebracht.

Haltevorrichtung für Abseilgerät

Mithilfe eines am Rettungskorb befestigten Auf- und Abseilgerätes ist die Rettung von Personen aus Höhen und Tiefen möglich. Haltevorrichtungen, die zur Befestigung des Gerätes am Rettungskorb vorgesehen sind, müssen eine Belastung von 150 Kilogramm aushalten. Nach einem Einsatz ist die Haltevorrichtung auf eventuelle Beschädigungen zu überprüfen.

Bild 40: ***An dem rot gekennzeichneten Haltepunkt des ersten Leiterteils kann eine Last von bis zu 400 kg angeschlagen werden. Der Haltepunkt an der Unterleiter (Pfeil) kann eine Last von bis zu 4000 kg aufnehmen (Bild: J. O. Unger)***

Bild 41: ***Haltevorrichtung an einer Hubarbeitsbühne als Festpunkt für ein Auf- und Abseilgerät (Bild: M. Rose)***

Bei Drehleitern können zudem Haltepunkte, die am ersten Leiterteil angebracht sind, bzw. nachgerüstet werden können, für den Einsatz mit einem Abseilgerät genutzt werden. An dieser Vorrichtung kann die Sicherungs-Redundanz für das Abseilgerät mithilfe des Gerätesatzes Absturzsicherung angeschlagen werden. Aber auch eine Umlenkung für eine Absturzsicherung lässt sich problemlos anbringen. An den farbig gekennzeichneten Festpunkten/Haltepunkten darf eine Last von bis zu 400 Kilogramm angeschlagen werden. Der Rettungskorb muss dazu allerdings je nach Hersteller abgebaut werden. Andere Teile oder Sprossen der Leiter sollten zum Anschlagen von Lasten nicht verwendet werden.

Beleuchtungsgeräte

Außer den am Leitersatz angebrachten Scheinwerfern, die zum Ausleuchten des Arbeitsbereiches der Drehleiter dienen, können Hubrettungsfahrzeuge auch über fest am Rettungskorb angebrachte Strahler verfügen, mit denen der Arbeitsbereich des Korbes großzügig ausgeleuchtet werden kann. Das Ausleuchten einer Einsatzstelle mit einem Hubrettungsfahrzeug ist zudem mithilfe am Rettungskorb anzubringender Flutlichtstrahler oder Beleuchtungsballone möglich. Diese werden auf am Korb befindliche bzw. anzubringende Aufsteckzapfen aufgesteckt. Die Strahler können manuell in die erforderliche Richtung geschwenkt oder gedreht werden.

Die im Rettungskorb oder an der Leiterspitze installierten Steckdosen sorgen für die erforderliche Stromversorgung der Scheinwerfer. Viele Hubrettungsfahrzeuge verfügen über am Drehgestell angebaute Stromerzeuger und stellen so die erforderliche Stromversorgung sicher. Dieser Stromerzeuger kann je nach Bauart auch vom Hauptsteuerstand oder Korbsteuerstand eingeschaltet werden.

Wenderohr/Wasserwerfer

Zur Brandbekämpfung mit großen Wassermengen dient das am Rettungskorb oder an der Leiterspitze zu befestigende Wenderohr. Hiermit kann das Löschwasser gezielt abgegeben werden. Zusätzlich kann vom Rettungskorb aus ein handgeführtes Strahlrohr eingesetzt werden oder über einen C-Anschluss und einen C-Schlauch in ein Gebäude vorgenommen werden, ohne dass die Schlauchleitung im Gebäude verlegt werden muss.

Durch den Einsatz von Strahl- oder Wenderohr kann die Standsicherheit des Hubrettungsfahrzeugs gefährdet werden. Durch das Schlauchgewicht, die Wassersäule und den Rückdruck des Strahlrohres wird bei einem Löscheinsatz vom Rettungskorb aus der Leitersatz zusätzlich belastet. Der im Leitersatz verlegte und druckführende B-35-K-Druckschlauch erhöht die Belastung auf den Leitersatz um etwa 100 Kilogramm. Aufgrund dieser Belastung verringern sich das Benutzungsfeld und die Zuladung im Rettungskorb. Die Vorgaben der Hersteller sind hierbei zu beachten. Im Rettungskorb darf ein handgeführtes Strahlrohr der Größe C verwendet werden. Der Ausgangsdruck der Strahlrohre ist begrenzt, je nach Hersteller liegt er zwischen 8 und 10 bar. Ein C-Schlauch kann hierzu entweder direkt an einem C-Anschluss des Wendestrahlrohres oder an der Schlauchhalterung an der Leiter angeschlossen werden. Mit dem C-Strahlrohr kann dann nach allen Seiten gearbeitet werden.

Als Erweiterung kann eine im ersten Leiterelement fest verlegte Wasserhochführung bzw. ein teleskopierbares Rohrsystem unterhalb des Auslegers für die Wasserversorgung an der Leiterspitze bzw. den Rettungskorb verbaut sein. Hierbei entfällt das zeitaufwändige Verlegen des B-35-K-Druckschlauches ganz oder teilweise. Bei Hubarbeitsbühnen werden ausschließlich fest installierte Rohrleitungssysteme verwendet.

Bei älteren Drehleitern kann das an den Sprossen der Leiterspitze montierte Wendestrahlrohr vom Boden aus mit einer Feuerwehrleine vertikal geschwenkt werden. Auf dem Leitersatz darf sich hierfür keine Person aufhalten. Nach dem Einsatz sollte die Schlauchleitung nicht entleert werden. So wird beim Einziehen der Leiter ein Verklemmen der Schlauchleitung zwischen den Sprossen und eine Beschädigung des Leitersatzes verhindert. Nach dem Einsatz sind die Vorrichtungen, die Schlauchhalterung und das Wendestrahlrohr auf Beschädigungen zu prüfen.

Überdruckbelüfter

Eine weitere Zusatzeinrichtung ist die spezielle Halterung für einen Überdruckbelüfter. Dieser kann in einem einsatztaktisch sinnvollen Abstand vor die Ventilationsöffnung gefahren und betrieben werden. Vorteilhaft ist ein Elektrolüfter, da er direkt im Korb an die Stromversorgung des Hubrettungsfahrzeugs angeschlossen werden kann. Ein Lüfter mit Verbrennungsmotor birgt durch die entstehenden Abgase die Gefahr der Atemgifte für die Korbbesatzung.

Praxis-Tipp:

Soll der Überdruckbelüfter über den Stromerzeuger, der als Zusatzeinrichtung am Hubrettungsfahrzeug befestigt ist, versorgt werden, so ist der Stromerzeuger bei der Beschaffung ausreichend zu dimensionieren.

Kameraausrüstung

Hubrettungsfahrzeuge können optional mit Kameras, bzw. Kamerahalterungen für den Rettungskorb ausgestattet werden. Hier können Video- und Wärmebildkameras adaptiert werden, deren Bilder über ein Übertragungssystem in Echtzeit in einen Einsatzleitwagen oder in einen Stabsraum gesendet werden können. Die Kameras eigenen sich zum Aufspüren von Brandherden oder zur Personensuche aus großer Höhe.

Bild 42: ***In der »Bielefelder-Kiste« ist die notwendige Ausrüstung für einen alternativen Angriffsweg bei der Brandbekämpfung verlastet. Die Kiste, eine Idee der BF Bielefeld, lässt sich am Rettungskorb befestigen. (Bild: N. Beneke)***

Windmesseinrichtungen

Windmesseinrichtungen gehören bei Hubarbeitsbühnen zur Regelausstattung, bei Drehleitern sind sie bisher eher selten zu finden. Man findet sie einerseits fest am Ausleger installiert, andererseits als tragbares Anemometer. Tragbare Anemometer sind eine sinnvolle Zusatzausrüstung, um die aktuelle Windgeschwindigkeit bestimmen zu können.

Atemluftversorgung

Eine weitere Zusatzeinrichtung ist eine im Hubrettungsfahrzeug fest verlegte Druckleitung für eine Atemluftversorgung im Rettungskorb. Außer dem Atemanschluss und einem speziellen Steckadapter sollte zusätzlich ein Isoliergerät als Redundanz mitgeführt werden. Dies kann zudem bei einem Abstieg der Besatzung über die Leiter notwendig sein. Die Atemluftflaschen der Atemluftversorgung werden in der Regel seitlich an der Lafette des Hubrettungssatzes gelagert. Eine Drucküberwachung kann durch den Maschinisten des Hubrettungsfahrzeugs am Hauptsteuerstand erfolgen.

Verkehrssicherheit

Zur Erhöhung der Sicherheit im Straßenverkehr sollte ein Hubrettungsfahrzeug zusätzlich zu den blauen Rundumkennleuchten auf dem Fahrerhaus auch mit nach hinten wirkenden Warn- oder Kennleuchten ausgestattet werden.

Auch eine auffällige, reflektierende und/oder fluoreszierende Warnbeklebung erhöht die Wahrnehmung des Hubrettungsfahrzeuges durch andere Verkehrsteilnehmer tagsüber und bei Nacht und verringert so die Unfallgefahr erheblich.

Aber auch bei älteren Fahrzeugen, die bereits seit Jahren im Einsatz sind, lohnt es sich, die Beladung und die passive Sicherheit zu überprüfen und ggf. zu verbessern. Bevor aber die Beladung ergänzt oder das Fahrzeug technisch verändert wird, sollten diese Fragen beantwortet werden: Was soll auf dem Fahrzeug zusätzlich verlastet werden? Warum soll die Beladung/sollen die Zusatzeinrichtungen ergänzt werden (Grund/Motiv)? Wo soll die Zusatzbeladung verladen werden?

Merke:

Die Technik folgt der Taktik, nicht umgekehrt!

Eine Übersicht über sinnvolle Zusatzbeladung ist im Anhang 5 dieses Buches zu finden.

Bild 43: ***Mithilfe einer Metallstange, welche die maximale Höhe des Fahrzeugs widerspiegelt, lassen sich beispielsweise ungekennzeichnete Tore vor einer Durchfahrt überprüfen. (Bild: J. O. Unger)***

4.8 Versicherung

Bei der Indienststellung eines neuen Hubrettungsfahrzeugs im Wert von mehr als einer halben Million Euro ist der Abschluss einer so genannten Maschinenbruchversicherung empfehlenswert. Diese Versicherung kann das Risiko des Totalverlustes absichern, wenn das Hubrettungsfahrzeug im Einsatz oder bei einer Übung (auch durch Bedienerfehler) beschädigt wird.

Praxisbeispiel:

In Nordrhein-Westfalen berührte der Leitersatz einer Drehleiter bei einer Menschenrettung eine nicht geerdete Oberleitung der Straßenbahn. Die Menschenrettung konnte erfolgreich durchgeführt werden, allerdings wurde die Elektronik der Drehleiter so stark beschädigt, dass ein wirtschaftlicher Totalschaden entstand. Die betroffene Stadt musste die Ersatzbeschaffung aus eigenen Mitteln bestreiten.

Eine Vollkasko-Versicherung versichert lediglich das eigentliche Fahrzeug gegen Unfallschäden und auch der in einigen Bundesländern eingerichtete Kommunale

Schadenausgleich (KSA) reguliert einen selbst verursachten Schaden am Hubrettungsfahrzeug nur, wenn der Unfallbegriff gemäß der Verrechnungsgrundsätze für Autokaskoschäden erfüllt ist. Das zuvor beschriebene Düsseldorfer Ereignis fiel nicht unter diesen Unfallbegriff.

4.9 Gefährdungsbeurteilung

Die Erstellung einer Gefährdungsbeurteilung für Hubrettungsfahrzeuge ist Pflicht für die Feuerwehr. Neben der Erfüllung der gesetzlichen Vorgabe bietet diese auch eine Chance für den Anwender zum sicheren Arbeiten. »Bei besonderen Gefahren müssen spezielle persönliche Schutzausrüstungen vorhanden sein, die in Art und Anzahl auf diese Gefahren abgestimmt sind.« So lautet Paragraf 12 Absatz 2 der Unfallverhütungsvorschrift »Feuerwehren«.

Nicht nur aus diesem doch recht abstrakt formuliertem Schutzziel lässt sich eine notwendige Diskussion zum Thema Gefährdungsbeurteilung für Hubrettungsfahrzeuge ableiten. Auch die Fachgruppe »Feuerwehren und Hilfeleistungen« der Deutschen Gesetzlichen Unfallversicherung (DGUV) hat für dieses Thema eine eindeutige Forderung aufgestellt: »Der Betreiber ist dafür verantwortlich, auf Grundlage einer Gefährdungsbeurteilung festzulegen, wie seine Drehleiter eingesetzt werden soll.«

Außer den nationalen Rechtsvorschriften fordert auch die Europäische Agentur für Sicherheit und Gesundheitsschutz am Arbeitsplatz die Durchführung von Gefährdungsbeurteilungen. Während es dort recht allumfassend und grob gegliedert ist, hat sich der Bayrische Gemeindeunfallversicherungsverband dem Thema etwas intensiver gewidmet und einen Leitfaden zur Erstellung einer Gefährdungsbeurteilung im Feuerwehrdienst publiziert. Ein Schritt in die richtige Richtung, aber noch nicht detailliert und speziell genug, um auf die Gefahren beim Einsatz von Hubrettungsfahrzeugen hinzuweisen. Folgend wird dies aufgegriffen, des Weiteren werden auch die psychische Integrität des Anwenders – des Maschinisten für Hubrettungsfahrzeuge – sowie die Handhabungssicherheit in Stresssituationen betrachtet.

Eine Gefährdungsbeurteilung gliedert sich in die folgenden Hauptpunkte:

1. Ermittlung der Gefahr: Sammlung von Informationen, Erkennen von Gefahren, Identifizieren der gefährdeten Personen und Erkennen von Gefährdungsmustern unter den gefährdeten Personen.
2. Risikobeurteilung: Wahrscheinlichkeit eines Schadens und dessen Schwere bei untersuchten Situationen.

3. Ableiten von Schutzzielen.
4. Auswahl von Maßnahmen.
5. Kontrolle der Wirksamkeit der Maßnahmen, erneute Überprüfung, Dokumentation.

Bearbeitet man den Punkt 1, stellt sich die Frage nach der differenzierten Betrachtung von Gefahr und Gefährdung. Die DIN 31000/VDE 1000:2017-04 »Allgemeine Leitsätze für das sicherheitsgerechte Gestalten von Produkten« definiert dies recht umfassend: »Gefahren im Sinne dieser Norm sind Gefahren aller Art für Leben und Gesundheit, soweit ihre Wirkung bei bestimmungsgemäßer Verwendung technischer Erzeugnisse ein nach dem jeweiligen Stand der Technik zumutbares Risiko überschreitet [...]«.

Das heißt am Beispiel einer Drehleiter: Ruhend (Leitersatz in der Ablage, Nebenantrieb ausgeschaltet, Fahrzeugmotor abgestellt) besitzt diese einen eigenen »Gefahrenbereich« ebenso wie der Bediener/Mensch. Treffen diese beiden »Gefahrenbereiche« aufeinander, so spricht man grundsätzlich von einer möglichen Gefährdung, welche aber ohne Benennung des Ausmaßes oder der Eintrittswahrscheinlichkeit einhergeht. Das Handeln eines jeden Menschen erfolgt in der Reihenfolge der Informationsaufnahme, Informationsverarbeitung und der anschließenden Informationsausgabe durch den Aufnehmenden. In den einschlägigen Normen für Hubrettungsfahrzeuge (DIN EN 14043 und DIN EN 14044, DIN EN 1777) finden sich umfangreiche Listen der signifikanten Gefährdungen. Diese lassen sich grundlegend für die Kategorisierung »Was könnte wann, wie und wo passieren?« heranziehen.

Die Identifizierung der gefährdeten Personen wird mit jedem Bediener von Hubrettungsfahrzeugen, egal ob Mitglied einer Freiwilligen Feuerwehr oder Angehöriger einer Berufsfeuerwehr, benannt.

Eine Risikobeurteilung (Punkt 2) setzt sich aus der Untersuchung von Eintrittswahrscheinlichkeit und den möglichen gesundheitlichen Folgen zusammen, welche im weiteren Verlauf der Beurteilung Rückschlüsse auf die Ableitung von Schutzzielen beziehungsweise die Auswahl der Maßnahmen geben. In einer Formel lässt sich das Risiko wie folgt berechnen:

Risiko (R) = Wahrscheinlichkeit (W) × Folgen (F)

Zur Quantifizierung des Risikos lässt sich die in der DGUV Information 205-014 (ehemals GUV-I 8675) »Auswahl von persönlicher Schutzausrüstung auf der Basis einer Gefährdungsbeurteilung für Einsätze bei deutschen Feuerwehren« dargestellte Variante für die Eintrittswahrscheinlichkeit und Folgen verwenden.

Eintrittswahrscheinlichkeit (W)

0	nie (absolut eine Gelegenheit, auf die Gefahr zu treffen)	
1	ausnahmsweise	
2	gelegentlich	
3	wahrscheinlich	
4	immer	

Folgen (F)

0	ohne Folgen	
1	gering	leichte, reversible Verletzungen, zum Beispiel kleine Schürfwunden, Abschürfungen, Verstauchungen
2	mäßig	schwere Verletzungen, zum Beispiel Knochenbrüche, Verbrennungen 2. Grades
4	hoch	Lebensbedrohliche Verletzungen, schwere bleibende Gesundheitsschäden, zum Beispiel Querschnittslähmung, Erblindung
5	Extremfall	Tod

Um eine Bewertung der Maßnahmen nach Dringlichkeit durchführen zu können, sollte eine Risikomatrix mit Kategorisierung in Risikogruppen (groß, mittel, klein oder kein Risiko) herangezogen werden.

Anhand der Eintrittswahrscheinlichkeit und der Folgen werden Punkte für die einzelnen Gefährdungen vergeben. Dies lässt sich aus dem vorhergehenden Kasten

Risikogruppe	Risiko	Maßnahmen
8 - 16	groß	Maßnahmen mit erhöhter Schutzwirkung dringend notwendig
3 - 6	mittel	Maßnahmen mit normaler Schutzwirkung dringend notwendig
1 - 2	klein	Organisatorische und personenbezogene Maßnahmen ausreichend
0	kein Risiko	Keine zusätzlichen Maßnahmen notwendig

© DREHLEITER.info

Bild 44: ***Die Risikogruppen und das Risiko im Rahmen der Gefahrdungsbeurteilung***

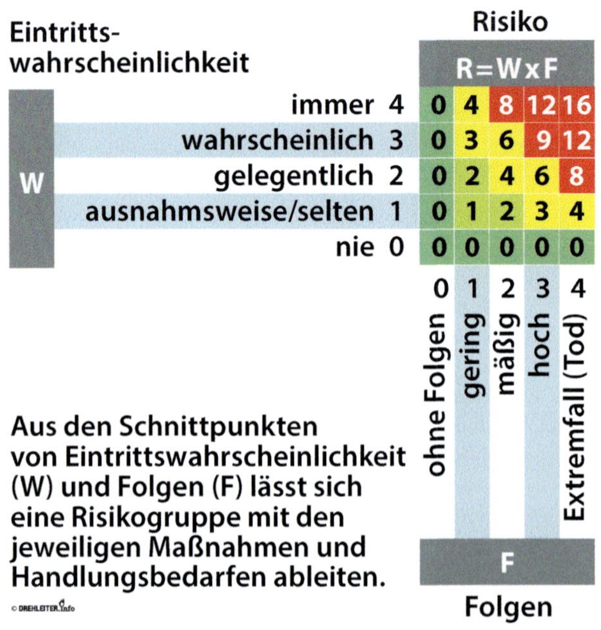

Bild 45: *Das Risiko ergibt sich aus der Formel: R = W x F*

ableiten. Aus der Matrix (Bild 45) lässt sich die Risikogruppe ermitteln. Aus den Risikogruppen (Bild 44) lassen sich dann die notwendigen Maßnahmen ermitteln.

Die Minimierung bzw. Beseitigung der Gefahrenquelle hat bei der Auswahl der Maßnahmen oberste Priorität und sollte in der Entwicklung eines Maßnahmenplanes beachtet werden. Dieser beinhaltet die jeweils umzusetzende Maßnahme, die bereitgestellten Mittel (Zeit und Kosten), wer was und wann zu erledigen hat, Zeitpunkt der Fertigstellung und Zeitpunkt der jeweiligen Überprüfung der Kontrollmaßnahme.

Betrachtet man nun die in der DIN EN 1777 genannten signifikanten Gefährdungen mit 23 Kategorien (Mechanische Gefährdungen, Gefährdung durch elektrische Energie etc.) mit insgesamt 72 Unterkategorien, wird schnell der Ruf nach einer Mustergefährdungsbeurteilung für alle Hubrettungsfahrzeuge laut. Diese könnte aber nur ein Beispiel darstellen, da örtliche Gegebenheiten unberücksichtigt blieben. Das heißt, jeder »Unternehmer«, also die Kommune als Träger mit ihrem Leiter der Feuerwehr, muss eine spezifische Gefährdungsbeurteilung für ihr Hubrettungsfahrzeug selbst erstellen.

Bisher findet die psychische Integrität des Arbeitnehmers in Gefährdungsbeurteilungen wenig Beachtung und wird selten mit einbezogen. Mit psychischer Integrität wird nicht die psychische Situation des Bedieners betrachtet, sondern vielmehr die Stressoren, welche von außen auf die Bediener und auch auf das damit arbeitende Personal einwirken. Hierunter fallen Beispielsweise Überforderungen, unkontrollierte Fremdhandlungen, Durchführung der geforderten Arbeiten und Aufgaben und eben auch die Ausbildung sowie Führung und Kommunikation im Einsatz.

Auch hier sollte mit der gleichen Systematik zur Gefährdungsbeurteilung wie zuvor genannt vorgegangen werden. Eine Möglichkeit zur Datenerhebung der möglichen Gefährdungen kann die objektive Untersuchung von Unfällen und Beinahe-Unfällen sein.

Zur Minimierung beziehungsweise dem Entgegenwirken von psychischen Belastungsfaktoren im Einsatz ist unter anderem eine stringente Führung und eine gründlich durchgeführte Gefahrenanalyse durch den Einsatzleiter in der Anfangsphase eines Einsatzes notwendig. Hier kann analog zum Führungskreis der FwDV 100 »Führung und Leitung im Einsatz« für die Tätigkeiten, die nicht im Vorfeld durch eine Gefährdungsbeurteilung erfasst wurden, eine Gefahrenbeurteilung durchgeführt werden. Dies heißt aber auch, dass der Einsatzleiter nicht nur den Einsatzwert seines Hubrettungsfahrzeuges kennen muss, sondern beispielsweise auch die grundlegenden Anforderungen an die Standfläche mit Untergrund und Platzbedarf, Reichweite etc., wie sie zum Beispiel in der HAUS-Regel verankert sind.

In der DGUV Regel 100-001 »Grundsätze der Prävention« (ehemals GUV-R A1) fordert diese: »Für Personen, die in Unternehmen zur Hilfe bei Unglücksfällen oder im Zivilschutz unentgeltlich tätig werden, hat der Unternehmer Maßnahmen zu ergreifen, die denen nach Absatz 1 bis 4 dieser Vorschrift gleichwertig sind.« Als gleichwertig werden solche Maßnahmen benannt, die den Zielen und Grundsätzen der nach dem Arbeitsschutzgesetz vorgeschriebenen Gefährdungsbeurteilung, der Dokumentation der Ergebnisse der Gefährdungsbeurteilung, der Überprüfung der festgelegten Maßnahmen sowie der Dokumentation über die getroffenen Maßnahmen des Arbeitsschutzes entsprechen. Das heißt: Würde der Einsatz eines Hubrettungsfahrzeuges beziehungsweise die Ausbildung an diesem detailliert in einer Dienstvorschrift dokumentiert und festgelegt sein, trifft die hier genannte Form der Gleichwertigkeit zu. Für die in Punkt 5 (Kontrolle der Wirksamkeit der Maßnahmen und erneute Überprüfungen) geforderte Dokumentation müsste in der Anlage das Absolvieren eines Lehrganges (Zertifikat), eine Fortbildungsbescheinigung und die Kenntnisnahme einer Dienstvorschrift beigefügt sein.

Resultierend aus dieser Gleichwertigkeitsbetrachtung heißt dies aber auch, dass eine einheitliche Ausbildung beziehungsweise Fortbildung bezogen auf Hubrettungsfahrzeuge rechtssicher existieren müsste, was derzeit nicht der Realität entspricht. Um hier Abhilfe zu schaffen, sollte ein Lehrgang »Maschinist für Hubrettungsfahrzeuge« in die Feuerwehr-Dienstvorschrift 2 eingefügt werden, um den wachsenden Anforderungen an die Technik gerecht zu werden. Eine ständige und regelmäßig stattfindende Fortbildung untermauert den sicheren Umgang mit dem Arbeitsgerät und minimiert die Fehlerursache durch Stressoren von außen. Der Forderung nach einer Dokumentation der ständigen Unterweisung, wie er in etwaigen Gefährdungsbeurteilungen gefordert ist, würde damit auch genüge getan werden.

5 Besatzung

Hubrettungsfahrzeuge sind in der Regel mit einem selbstständigen Trupp (0/1/2/3) besetzt. Die Besatzung hat verschiedene Aufgaben, die unterschiedliche Qualifikationen erfordern. Der Einheitsführer erkundet die Standfläche und legt die Fahrzeugaufstellung fest. Der Maschinist fährt und bedient das Hubrettungsfahrzeug. Der Truppangehörige unterstützt den Einheitsführer und ist für die Absicherung der Einsatzstelle zuständig.

5.1 Qualifikation der Besatzung

Einheitsführer und Maschinisten von Hubrettungsfahrzeugen müssen vor Übernahme dieser Funktionen ausreichend qualifiziert werden. Maschinisten werden durch eine mindestens 35-stündige Ausbildung gemäß Musterausbildungsplan für die Aus- und Fortbildung an Hubrettungsfahrzeugen der Projektgruppe Feuerwehr-Dienstvorschriften auf ihre Tätigkeit vorbereitet (siehe auch Kapitel 6). Einheitsführer von Feuerwehrfahrzeugen müssen gemäß Feuerwehr-Dienstvorschrift (FwDV) 2 als Gruppenführer qualifiziert sein. Da der Einheitsführer laut FwDV 3 die Fahrzeugaufstellung bestimmt, muss auch er umfangreiches Wissen über Technik und die speziellen Einsatzgrundsätze für Hubrettungsfahrzeuge haben.

Auszug aus der DGUV Vorschrift 49 (UVV Feuerwehren):

§ 14. Für den Feuerwehrdienst dürfen nur körperlich und fachlich geeignete Feuerwehrangehörige eingesetzt werden.
Zu § 14: [...] Die fachlichen Voraussetzungen erfüllt, wer für die jeweiligen Aufgaben ausgebildet ist und seine Kenntnisse durch regelmäßige Übungen und erforderlichenfalls durch zusätzliche Aus- und Fortbildung erweitert. Dies gilt insbesondere für Atemschutzgeräteträger, Taucher, Maschinisten, Drehleitermaschinisten, Motorkettensägenführer. Zur fachlichen Voraussetzung gehört auch die Kenntnis der Unfallverhütungsvorschriften und der Gefahren des Feuerwehrdienstes. [...]

Die für die Funktionen notwendigen Qualifikationen sind im Musterausbildungsplan für die Aus- und Fortbildung an Hubrettungsfahrzeugen der Projektgruppe Feuerwehr-Dienstvorschriften beschrieben. Folgender Ausbildungsverlauf sollte bei deutschen Feuerwehren durchgeführt werden:

Tabelle 6: ***Empfehlung für den Ausbildungsverlauf der Hubrettungsfahrzeugbesatzung***

Einheitsführer	Maschinist	Truppmann
Truppmann (Teil 1)	Truppmann (Teil 1)	Truppmann (Teil 1)
Sprechfunker	Sprechfunker	Sprechfunker
Truppmann (Teil 2)	Truppmann (Teil 2)	Truppmann (Teil 2)
Atemschutzgeräteträger	Atemschutzgeräteträger	Atemschutzgeräteträger
Maschinist für Löschfahrzeuge	Maschinist für Löschfahrzeuge	(Maschinist für Löschfahrzeuge)
Maschinist für Hubrettungsfahrzeuge	Maschinist für Hubrettungsfahrzeuge	Einweisung in die Bedienung des Korbes
Truppführer		
Gruppenführer		

5.2 Aufgaben der Besatzung

Um im Einsatz mit Hubrettungsfahrzeugen die Einsatzaufträge mit einem selbstständigen Trupp präzise und koordiniert ausführen zu können, ist eine klare Aufgabenverteilung notwendig. Das ermöglicht der Besatzung auch ohne lange Absprachen schnell und sicher zu arbeiten. Wesentliche Aufgaben sollen dabei wie folgt abgearbeitet werden:

Einheitsführer des Hubrettungsfahrzeugs:

- In Absprache mit dem Einsatzleiter Festlegen der Anfahrtsroute – Sackgassen, bekannte Engstellen und Feuerwehrzufahrten berücksichtigen;
- Standfläche erkunden und festlegen;
- Anleiterart festlegen und der Besatzung des Hubrettungsfahrzeugs kommunizieren;
- Hindernisse erkennen und beurteilen;
- Abstände abschreiten;
- Untergrund beurteilen;
- Standort der Drehkranzmitte markieren;
- Hubrettungsfahrzeug zügig und sicher einweisen;
- Anordnen von Absicherungsmaßnahmen für das Hubrettungsfahrzeug;
- Mehr-Personen-Rettung koordinieren (siehe auch Kapitel 7.4);
- Einsatzdurchführung beaufsichtigen und kontrollieren;

- Reserven für Einsatzkräfte im Rettungskorb bei der Brandbekämpfung schaffen;
- Einsatzmaßnahmen mit dem Einsatzleiter abstimmen, um Gefahren durch den Einsatz des Hubrettungsfahrzeugs auszuschließen – z. B. kein Wenderohreinsatz, wenn Trupps im Innenangriff vorgehen;
- Wetter beobachten – Temperatur, Wind, Gewitter – ggf. Wetterdaten bei der Leitstelle abfragen (lassen);
- einsturzgefährdete Bauteile beobachten, ggf. Standortwechsel anordnen.

Maschinist des Hubrettungsfahrzeugs:

- das Hubrettungsfahrzeug fahren und bedienen;
- Fahrzeugtechnik und Ausrüstung überwachen;
- Untergrund kontrollieren;
- Hubrettungsfahrzeug beidseits abstützen;
- Hauptsteuerstand permanent besetzen;
- Hubrettungssatz primär vom Hauptbedienstand aus steuern – Drehbewegungen möglichst von rechts nach links ausführen, da der Hubrettungssatz und der Korb so immer im Sichtfeld des Maschinisten dreht;
- Leiterbewegungen kontrollieren, wenn vom Korb aus gesteuert wird – eine Hand ist dabei immer am »Not-Aus«-Schalter;
- Ausladungswerte stetig kontrollieren, bevor Personen zusätzlich in den Rettungskorb steigen;
- Sprossengleichstand herstellen und den Motor immer ausschalten, bevor Personen den Leitersatz besteigen;
- bei der Einsatzart Brandbekämpfung mindestens eine Filtergerät als Atemschutz bereitlegen;
- Sicherheit für das Hubrettungsfahrzeug und Personen während des Einsatz überwachen;
- Notbetrieb koordinieren.

Truppangehöriger:

- Absicherung gegen den fließenden Verkehr;
- Absperrung des Bewegungsbereichs des Auslegers;
- bei Einsätzen mit Absturzsicherung Sicherungsmann;
- bei Brandbekämpfung Armaturen frühzeitig bereitlegen;
- Schlauchnachführung beim Löschangriff über Drehleiter durchführen;
- Unterstützung bei allen weiteren Tätigkeiten (z. B. Anbau von Zusatzeinrichtungen);

- Sicherheit während des Einsatzes überwachen;
- Gefahren an der Einsatzstelle dem Einheitsführer melden.

Merke:

Der Einheitsführer eines Hubrettungsfahrzeugs führt seine Aufgaben gemäß FwDV 100 »Führung und Leitung im Einsatz« im Rahmen der Auftragstaktik durch.

6 Ausbildung

Einsatzkräfte müssen immer gut ausgebildet sein, um den Anforderungen der unterschiedlichsten Einsätze gerecht zu werden. Technik und Taktik entwickeln sich kontinuierlich weiter und auch die Ansprüche an die Feuerwehren steigen. Hubrettungsfahrzeuge werden in erster Linie zur Menschenrettung beschafft. Insbesondere diese Aufgabe erfordert eine fundierte Grundlagenausbildung und eine regelmäßige Fortbildung, um die notwendigen Fähigkeiten und Fertigkeiten zu schaffen und zu erhalten. Zusatzaufgaben wie beispielsweise der Lasthebeeinsatz können eine Weiterbildung erfordern. Sicherheit fängt mit guter Ausbildung an, daher sollte Ausbildung in strukturierter Form erfolgen. Als Grundlage dient der »Musterausbildungsplan für die Aus- und Fortbildung an Hubrettungsfahrzeugen« der Projektgruppe Feuerwehr-Dienstvorschriften des Ausschusses Feuerwehrangelegenheiten, Katastrophenschutz und zivile Verteidigung (AFKzV). Nur so kann auch im Anschluss eine Spezialisierung erfolgen, die einer einheitlichen Basis folgt.

Dokumentierte Ausbildung und regelmäßige Fortbildung sowie eine auf spezielle Aufgaben ausgerichtete Weiterbildung tragen wesentlich zur Qualitätssicherung der Feuerwehr bei. Grundsätzlich sollte daher die Leitung der Feuerwehr folgende Punkte für die Ausbildung prüfen:

- die notwendige Kompetenz der Besatzungen, dessen Tätigkeiten die Erfüllung der Einsatzanforderungen beeinflussen, ermitteln;
- wo zutreffend, für Ausbildung sorgen oder andere Maßnahmen ergreifen, um die notwendige Kompetenz zu erreichen;
- die Wirksamkeit der ergriffenen Maßnahmen beurteilen;
- sicherstellen, dass die Einsatzkräfte sich der Bedeutung und der Wichtigkeit ihrer Tätigkeit bewusst sind und wissen, wie sie zur Erreichung der Ziele beitragen können;
- geeignete Aufzeichnungen über die Aus-, Fort- und Weiterbildung führen.

Im folgenden Kapitel werden die Ausbildung zum Maschinisten, die Anforderungen an Ausbilder, ein Konzept für die die Einführung einer Standortausbildung sowie das nötige Wissen für Führungskräfte von Feuerwehren dargestellt.

6.1 Ausbildung »Maschinist für Hubrettungsfahrzeuge«

Für die Ausbildung zum »Maschinist für Hubrettungsfahrzeuge« gibt es den »Musterausbildungsplan für die Aus- und Fortbildung an Hubrettungsfahrzeugen« der Projektgruppe Feuerwehr-Dienstvorschriften. Dieser beschreibt einen 35-stündigen Lehrgang, der als Basisschulung einen Mindeststandard darstellt. Im Anschluss muss das erworbene Wissen trainiert und gefestigt werden. Die Ausbildung zum Maschinisten sollte erfolgen, bevor eine Einsatzkraft auf einem Hubrettungsfahrzeug eingesetzt wird. Im folgenden Kasten ist der Originaltext aus dem Musterausbildungsplan zitiert.

Auszug aus dem Musterausbildungsplan:

Punkt 3: Ausbildung der Maschinisten für Hubrettungsfahrzeuge
Für die Ausbildung von Feuerwehrdienstleistenden zum Maschinisten für Hubrettungsfahrzeuge sollte ein mindestens 35-stündiger Lehrgang mit technischen und speziellen einsatztaktischen Inhalten durchgeführt werden. Lehrgangsvoraussetzung sind eine abgeschlossene Truppmannausbildung, sowie der Besitz der erforderlichen Fahrerlaubnis. Vor Beginn dieses Lehrgangs soll zudem die Ausbildung zum »Maschinisten« absolviert werden, um die Grundlagen der Fahrzeug- und Gerätetechnik zu vermitteln.

Für die Ausbildung sollten allen Lehrgangsteilnehmern eine eigene Bedienungsanleitung des vorhandenen Hubrettungsfahrzeugs und umfangreiche Ausbildungsunterlagen für Maschinisten für Hubrettungsfahrzeuge zur Verfügung stehen.

Die Inhalte dieses Musterausbildungsplans sollten neben den theoretischen Grundlagen größtenteils in der praktischen Ausbildung vermittelt werden.

Im nachfolgenden Musterausbildungsplan sind Lernziele nur bis zur Ebene der Groblernziele beschrieben. Die weitere Differenzierung muss unter konsequenter Beachtung der in der FwDV 2 beschriebenen Grundsätze ausgerichtet werden, wobei auch die Angabe der Lernzielstufen zu berücksichtigen ist.

Wird in einer Gefährdungsbeurteilung (siehe Kapitel 4.9) festgelegt, dass das Hubrettungsfahrzeug auch zum Heben von Lasten eingesetzt werden soll, ist eine zusätzliche Ausbildung der Besatzung der Hubrettungsfahrzeuge notwendig. Es gilt die Unfallverhütungsvorschrift »Krane« (DGUV Vorschrift 53). In der Ausbildung müssen zum einen erweiterte theoretische Inhalte vermittelt werden, zum anderen müssen die Maschinisten zusätzliche praktische Fähigkeiten trainieren, die einen

Bild 46: ***Eine gute und nachhaltige Ausbildung sollte mit maximal zehn Teilnehmern durchgeführt werden. (Bild: N. Beneke)***

sicheren und unfallfreien Lasthebeeinsatz mit einem Hubrettungsfahrzeug gewährleisten.

6.2 Ausbilder

Ausbilder sind besonders qualifizierte und geeignete Feuerwehrangehörige für die Aus-, Fort- und Weiterbildung an Hubrettungsfahrzeugen. Im folgenden Kasten ist der Originaltext aus dem Musterausbildungsplan zitiert, der die Anforderungen an einen Ausbilder beschreibt.

Auszug aus dem Musterausbildungsplan:

Punkt 5: Ausbildung für Ausbilder für Hubrettungsfahrzeuge
Um als Ausbilder innerhalb der Feuerwehr an Hubrettungsfahrzeugen fachlich fundiert schulen zu können, ist umfangreiches Wissen in Technik, Einsatzgrundsätzen und Einsatztaktik für Hubrettungsfahrzeuge erforderlich.

Um die technischen Lehrinhalte fachgerecht vermitteln zu können, sollte ein Ausbilder vom jeweiligen Fahrzeughersteller intensiv geschult werden. Der Ausbilder muss den Lehrgang »Ausbilder in der Feuerwehr« oder eine gleichwertige Qualifikation absolviert und Einsatzerfahrung als Maschinist für Hubrettungsfahrzeuge haben.

Merke:

Ausbildung ist Führungsaufgabe!

6.3 Standortausbildung

Um eine einheitliche, effektive und an den eigenen Standort angepasste Aus- und Fortbildung an Hubrettungsfahrzeugen einzuführen oder eine bestehende Ausbildung zu überprüfen, kann das folgende von Beneke und Unger entwickelte »Zehn-Schritte-Konzept für die Standortausbildung mit Hubrettungsfahrzeugen« verwendet werden. Die einzelnen Schritte sollten dabei nacheinander abgearbeitet werden.

Schritt 1: Warum ausbilden? – Information für die Führungskräfte der Feuerwehr

- Ausbildungsnotwendigkeit erläutern und Akzeptanz für die Maßnahmen schaffen.
- Verantwortung der Führung deutlich machen, dabei das Wissen über die einschlägigen Rechtsgrundlagen vermitteln.
- Die Ausbildung wird Kosten für die Feuerwehr verursachen – dies muss thematisiert werden (siehe auch Schritt 5)!
- Eventuelle Veränderungen in der Besetzung des Hubrettungsfahrzeuges thematisieren. Beispielsweise sollten alle Maschinisten des Hubrettungsfahrzeugs nur noch ausgebildete Atemschutzgeräteträger mit gültiger Vorsorgeuntersuchung G26.3 sein. Nur noch ausgebildete Gruppenführer mit Ausbildung zum Maschinisten für Hubrettungsfahrzeuge als Einheitsführer einsetzen.
- Einen Projektverantwortlichen für die Schaffung eines Ausbildungskonzepts bestimmen und ernennen.

Schritt 2: Ausbildungsabsichten am Standort bekannt machen

- Alle Feuerwehrangehörigen am Standort über den Willen, ein neues Ausbildungskonzept für das Hubrettungsfahrzeug einzuführen, informieren.
- Den Ausbildungsaufwand und die rechtliche Notwendigkeit eingehend erläutern.
- Mannschaft am Prozess der Konzepterstellung beteiligen: »Mitarbeiter mitnehmen« – Bildung einer Projektgruppe?

Schritt 3: Wo stehen wir jetzt?

- Ermittlung des derzeitigen Ausbildungsstandes und der Rahmenbedingungen der Ausbildung z. B. mithilfe eines Fragebogens.
- Eine Befragung aller Feuerwehrangehörigen durchführen: Was soll in der Ausbildung enthalten sein?
- Auswertung und Veröffentlichung(!) durch die Feuerwehrführung bzw. Projektgruppe.

Schritt 4: Ausbilder benennen und festlegen

- Aufgaben und Verantwortungen der Ausbilder festlegen (siehe hierzu auch Kapitel 6.2).
- Ausbilder auswählen und ernennen.
- Die Ernennung der Ausbilder am Standort bekannt geben.

Schritt 5: Was kostet uns die Ausbildung?

- Finanzielle Mittel für externe Schulungen bereitstellen/beantragen – Warum? (siehe Schritt 6)
- Finanzielle Mittel für Ausbildungsmaterialien, insbesondere Lehr- und Fachbücher, Multimedia (z. B. E-Learning), Vervielfältigung der Bedienungsanleitung des Hubrettungsfahrzeugs, Vervielfältigung von weiterem Ausbildungsmaterial – siehe auch Schritt 7.

Schritt 6: Ausbilder ausbilden

Siehe hierzu Kapitel 6.2

Schritt 7: Ausbildungskonzept für Maschinisten für Hubrettungsfahrzeuge erstellen

- Ausbildungskonzept auf Grundlage des Musterausbildungsplans für die Aus- und Fortbildung an Hubrettungsfahrzeugen (siehe Anhang) erstellen und mit der Feuerwehrführung abstimmen.
- Reihenfolge festlegen. Wer wird als erstes geschult: jetzige/künftige Maschinisten, Einheitsführer, etc.?
- Zeitaufwand pro Teilnehmer (ggf. individuell) ermitteln und festlegen.
- Materialbedarf für die Ausbildung ermitteln.
- Infrastruktur für Unterricht überprüfen: Unterrichtsraum, EDV-Ausstattung, Ausstattung mit Flipchart, Magnettafeln/Whiteboard, Pinnwand und Moderationskoffer, Ausbildungskoffer.
- Infrastruktur für Training: Objekte auswählen und Nutzung (schriftlich) klären, Anwohner informieren.

Schritt 8: Dokumentationsstandards festlegen

- Vorhandene Dokumentationsstandards bewerten.
- In Abstimmung mit der Fachkraft für Arbeitssicherheit (z. B. der kommunalen Verwaltung) und dem Sicherheitsbeauftragten eine Dokumentation erstellen/vorhandene Standards ggf. anpassen.
- Gefährdungsbeurteilung für das Hubrettungsfahrzeug gemäß ArbSchG/ BetrSichV in Zusammenarbeit mit der Fachkraft für Arbeitssicherheit der Wehr/der Kommune erstellen.
- Künftigen Dokumentationsstandard festlegen.
- Zentrale Erfassung aller Aus- und Fortbildungsmaßnahmen durch Projektverantwortlichen/Feuerwehrführung durchführen lassen.

Schritt 9: Führungskräfte in das Konzept einweisen

- Fertiges Ausbildungskonzept in der Feuerwehrführung vorstellen.
- Führungskräfte in das Konzept einweisen.
- Ggf. Änderungen vornehmen.
- Freigabe des Ausbildungskonzepts durch die Feuerwehrführung einholen.

Schritt 10: Beginn der Ausbildung

- Ausbildungskonzept durch die Ausbilder am Standort vorstellen und veröffentlichen.
- Ausbildungskonzept jeder/jedem Feuerwehrangehörigen in Papierform zur Verfügung stellen.

- Zeitpunkt des Starts der Ausbildung festlegen.

6.4 Feuerwehr-Führungskräfte

Der Einsatzleiter muss zur Gefahrenabwehr die richtigen Einsatzmittel einsetzen. Daher sollte jede Führungskraft bereits ab der Gruppenführerausbildung über die technischen und taktischen Einsatzmöglichkeiten von Hubrettungsfahrzeugen informiert sein. Dieses Wissen sollten sich alle Feuerwehrführungskräfte aneignen, auch dann, wenn die eigene Stadt oder Gemeinde kein Hubrettungsfahrzeug vorhält.

Gerade in diesem Fall müssen die Möglichkeiten der Hubrettungsfahrzeuge aus Nachbargemeinden bekannt sein, wenn diese im Rahmen der überörtlichen Hilfe in den eigenen Ausrückebereich nachgefordert werden. In Kapitel 7 ist eine Vielzahl von Einsatzarten beschrieben, die auch in geringen Einsatzhöhen den Einsatz der Feuerwehr erleichtern. So ist beispielsweise der Einsatz einer Krankentragenlagerung auch bei geringen Rettungshöhen sicherer als eine improvisierte risikoreiche Einsatzmaßnahme mit einer Steckleiter.

Wissen, das eine Feuerwehrführungskraft über das eigene und über das nächstgelegene Hubrettungsfahrzeug haben sollte:

- **Rettungskorb (Größe, Nutzlast),**
- **Krankentragenlagerung (Belastungsgrenze),**
- **Wenderohr, ggf. mit absperrbarem C-Abgang (Leistung/Durchfluss),**
- **Kraneinrichtung (Belastungsgrenze und Ausladung),**
- **Festpunkt für Auf-/Abseilgerät (Belastungsgrenze und Ausladung),**
- **Überdruckbelüfter mit Aufsatz.**

Diese Daten können auch im örtlich angepassten Einsatzleiterhandbuch niedergeschrieben werden.

Die Führungskraft sollte über Grundlagenwissen für den Einsatz mit Hubrettungsfahrzeugen verfügen, um dieses dann in der eigenen Einsatzplanung berücksichtigen zu können. Die Einsatzgrundsätze für die unterschiedlichen Szenarien der Menschenrettung (Szenario 1 bis 3) oder für die Brandbekämpfung müssen bekannt sein. Wissen über Standflächen, Ordnung des Raumes, für den Einsatz eines Hubrettungsfahrzeugs und das »Einsatzschema für Hubrettungsfahrzeuge« mit der HAUS-Regel sind dafür unverzichtbar.

Bild 47: *Eine effektive Ordnung des Raumes, wie auf diesem Bild zu sehen, muss von Beginn eines Einsatzes – gerade beim Einsatz mehrerer Hubrettungsfahrzeuge – gewährleistet werden. Ein nachträgliches Umsetzen von Fahrzeugen ist nahezu unmöglich. (Bild: M. Arning)*

7 Einsatz mit Hubrettungsfahrzeugen

7.1 Alarm- und Ausrückeordnung/ Einsatzvorbereitung

Die Alarm- und Ausrückeordnung (AAO) ist die Grundlage für eine ereignisbezogene Alarmierung von Einsatzmitteln der Feuerwehr durch die Feuerwehreinsatzleitstelle. Die AAO ist eine Systematik, in der für die verschiedenen Einsatzindikationen, die geeigneten und erforderlichen Einsatzmittel angeführt sind. Die Feuerwehren müssen für ihr Stadt- oder Gemeindegebiet festlegen, bei welcher Einsatzindikation ein Hubrettungsfahrzeug erforderlich ist. Die Fahrzeugauswahl, die Reihenfolge des Ausrückens und die Besetzung sollten anhand der folgenden Fragen kritisch überprüft werden:

- Wird für bestimmte Einsatzindikationen (z. B. Wohnungsbrand) überhaupt ein Hubrettungsfahrzeug alarmiert? In den folgenden Kapiteln sind verschiedene Einsatzarten für Hubrettungsfahrzeuge beschrieben. Die AAO sollte also kritisch darauf überprüft werden, ob ggf. die Alarmierung angepasst werden muss.
- An welcher Stelle rückt das Hubrettungsfahrzeug aus, als erstes, zweites oder drittes Fahrzeug? Hubrettungsfahrzeuge sichern den Zweiten Rettungsweg aus Aufenthaltsräumen und sollten frühzeitig ausrücken – grundsätzlich als zweites Einsatzfahrzeug nach dem ersten Löschfahrzeug.
- Welche Einsatzkräfte besetzten das Hubrettungsfahrzeug? Sind ausgebildete Maschinisten für Hubrettungsfahrzeuge hierfür als Standard festgelegt? Für Freiwillige Feuerwehren kann eine eigens dafür eingerichtete Alarmierungsgruppe nur für ausgebildete Maschinisten für Hubrettungsfahrzeuge sinnvoll sein. Die Meldeempfänger werden dann zusätzlich für eine separate Alarmierung des Hubrettungsfahrzeugs programmiert.

7.2 Anfahrt zur Einsatzstelle

Für viele Verkehrsteilnehmer ist das »plötzliche Auftauchen« eines Feuerwehrfahrzeugs mit eingeschaltetem Blaulicht und Einsatzhorn eine extreme Stresssituation. Irrationales Handeln und Fehlverhalten können die Folge sein, was zu einem Unfall führen kann. Dies sollten sich Maschinisten bewusst machen, bevor sie unter

Inanspruchnahme des Paragrafen 35 »Sonderrechte« und des Paragrafen 38 »Blaues Blinklicht und gelbes Blinklicht« der Straßenverkehrsordnung (StVO) eine Einsatzfahrt beginnen.

§ 1 StVO – Grundregeln

(1) Die Teilnahme am Straßenverkehr erfordert ständige Vorsicht und gegenseitige Rücksicht.

(2) Jeder Verkehrsteilnehmer hat sich so zu verhalten, dass kein Anderer geschädigt, gefährdet oder mehr, als den Umständen unvermeidbar, behindert oder belästigt wird.

Hubrettungsfahrzeuge haben konstruktionsbedingt einen hohen Schwerpunkt, der bei schnellen Kurvenfahrten zum Umkippen des Fahrzeugs führen kann. Die Gesamthöhe muss vor der Durchfahrt von Brücken oder Toren, der vordere Überhang durch den Ausleger an Engstellen beachtet werden. An engen und schwierigen Passagen sollte ein Sicherungsposten den Maschinisten unterstützen.

Praxis-Tipp:

Da viele Maschinisten für Hubrettungsfahrzeuge ihr Hubrettungsfahrzeug nicht täglich fahren, ist ein Fahrsicherheitstraining empfehlenswert, bei dem auf die speziellen Fahreigenschaften eingegangen wird.

Bereits während der Anfahrt zur Einsatzstelle kann der Einsatzleiter über Funk Befehle zur Aufstellung der anrückenden Einsatzfahrzeuge geben. Für Hubrettungsfahrzeuge gilt: Die Standfläche ist immer so auszuwählen, dass ein ungehinderter Einsatz mit dem Hubrettungssatz möglich ist. Dies kann beispielsweise die Fläche vor einem Gebäude sein.

Das ersteintreffende Löschfahrzeug sollte hierzu eine B-Schlauch-Länge (20 Meter) am Objekt vorbeifahren, um die Standfläche frei zu halten. Das nächsteintreffende Fahrzeug sollte so aufgestellt werden, dass eine Fläche von mindestens zehn Metern hinter dem Hubrettungsfahrzeug frei bleibt. So wird auch in engen Straßen sichergestellt, dass der Ausleger abgelegt werden kann. Sollen mehrere Hubrettungsfahrzeuge am selben Objekt eingesetzt werden, muss der Einsatzleiter bei der Ordnung des Raumes darauf achten, dass eine weitere Zufahrt für diese nachrückenden Einheiten sichergestellt ist. Andere Einsatzfahrzeuge können dazu im Bereitstellungsraum warten oder ggf. von einer anderen Seite aus eingesetzt werden. Gleiches gilt für Sackgassen. Hier sollten Hubrettungsfahrzeuge grundsätzlich als erste Einheiten einfahren. Dies muss der Einsatzleiter bereits zu Beginn des Einsatzes festlegen.

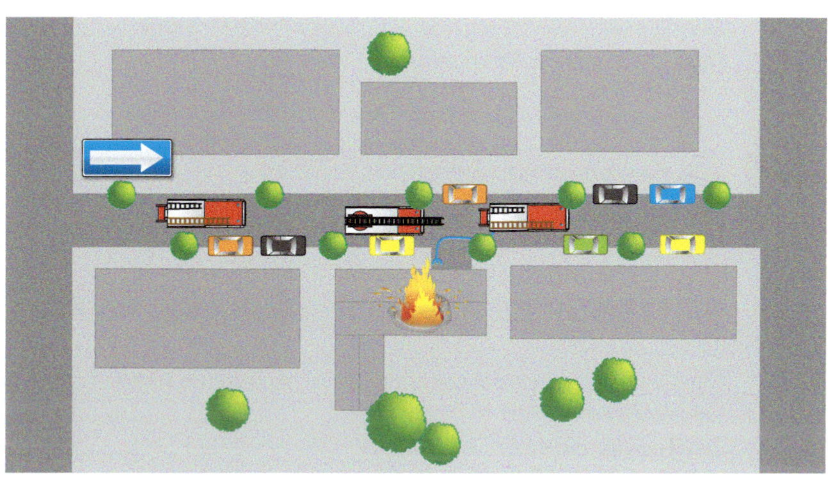

Bild 48: *Das ersteintreffende Löschfahrzeug sollte mindestens 20 m am Objekt vorbei fahren (eine B-Länge). So wird für eine ausreichende Entwicklungsfläche für ein Hubrettungsfahrzeug gesorgt. (Bild: VWK)*

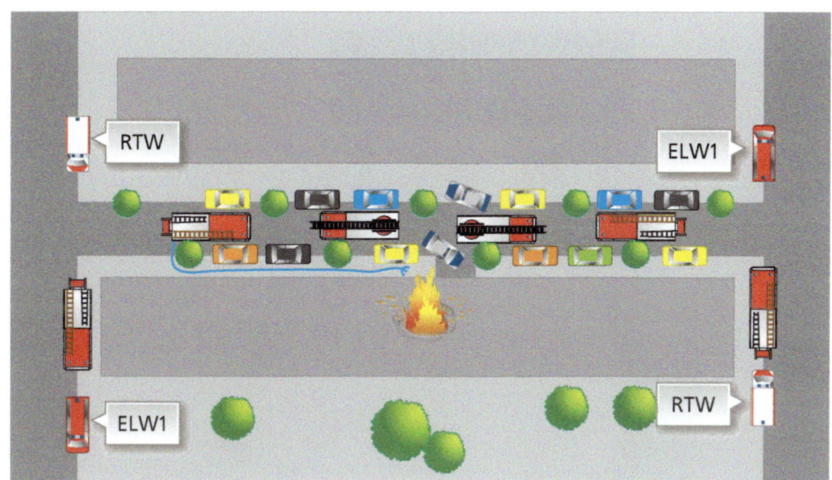

Bild 49: *Werden mehrere Hubrettungsfahrzeuge eingesetzt, können die beiden ersten mit dem Heck zueinander positioniert werden. Somit wird keine Ausladung verschenkt. (Bild: VWK)*

Eine Standortveränderung von Fahrzeugen wird im Einsatzverlauf in den meisten Fällen nicht mehr möglich sein.

Merke:

Die Fahrzeugaufstellung (Wahl der Standfläche) ist abhängig von der Einsatzart! Der Einsatzleiter sollte dies bei der Ordnung des Raumes berücksichtigen.

7.3 Einsatzschema für Hubrettungsfahrzeuge

Muss ein Hubrettungsfahrzeug zur Menschenrettung, Anleiterbereitschaft, Brandbekämpfung oder Technischen Hilfeleistung eingesetzt werden, herrscht in der Regel Zeitdruck für die Besatzung. Das »Einsatzschema für Hubrettungsfahrzeuge« nach Beneke und Unger ist das Werkzeug für den schnellen sicheren und vor allem richtigen Einsatz, das dazu dient, Stress zu minimieren.

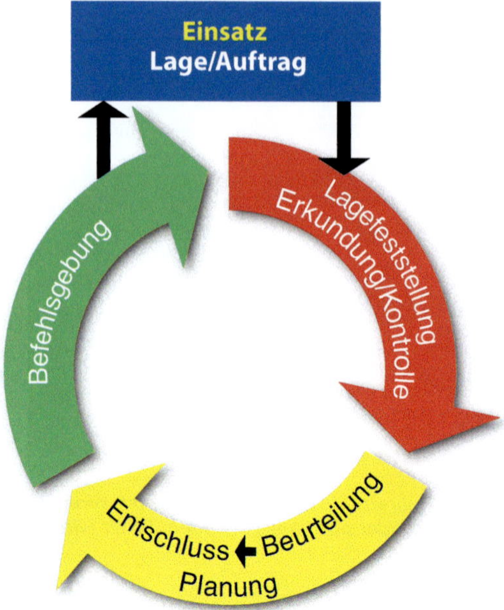

Bild 50: ***Der Führungsvorgang nach FwDV 100***

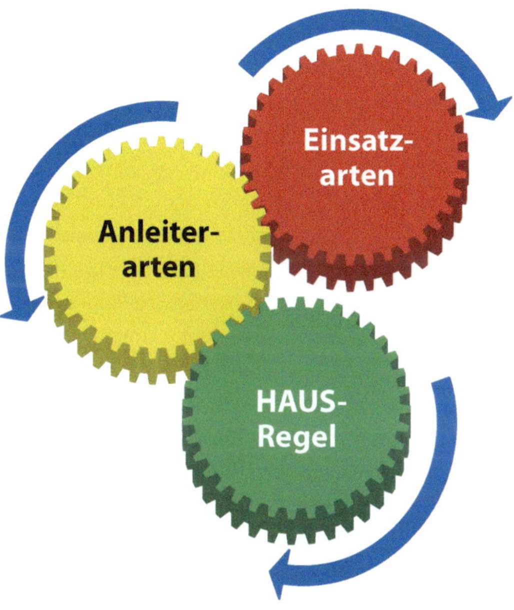

Bild 51: *Das Einsatzschema für Hubrettungsfahrzeuge ist das wirksame Werkzeug für einen schnellen und richtigen Einsatz mit Drehleiter und Hubarbeitsbühne.*

Dieses in drei Schritte aufgeteilte Merkschema gibt der Besatzung eines Hubrettungsfahrzeugs – ganz gleich ob Drehleiter oder Hubarbeitsbühne – ein effektives und unschlagbar einfaches Werkzeug an die Hand. Einen Leitfaden, bei dem die drei Teile, nacheinander abgearbeitet, mit ineinandergreifenden Zahnrädern den richtigen Ablauf für die schnelle und sichere Positionierung eines Hubrettungsfahrzeugs darstellen. Denn nur mit der richtigen Position kann ein maximaler Einsatzerfolg erzielt werden. Die Farben der Zahnräder – rot, gelb und grün – sind bewusst gewählt und aus dem Führungsvorgang der Feuerwehr-Dienstvorschrift 100 »Führung und Leitung im Einsatz« (FwDV 100) bekannt. Rot steht für die Lagefeststellung, gelb für die Planung und grün für den Befehl.

Das erste Zahnrad ist das rote. Der erste Schritt ist die Festlegung der Einsatzart. Die Frage, die dahinter steht, lautet: »Wie setze ich mein Hubrettungsfahrzeug ein?« Den Einsatzauftrag erhält die Besatzung im Regelfall vom Einsatzleiter im Rahmen der

Auftragstaktik gemäß FwDV 100. Damit ist die Einsatzart festgelegt: Menschenrettung, Anleiterbereitschaft, Brandbekämpfung oder Technische Hilfeleistung.

Warum ist die Einsatzart so wichtig? Sie bestimmt maßgeblich die Position der Standfläche des Hubrettungsfahrzeugs, weil jede der vier Einsatzarten einen grundsätzlich anderen Standort der Drehleiter oder Hubarbeitsbühne erfordert. Es gibt ihn also nicht, den »goldenen Standort«, mit dem alle Einsätze gleichermaßen sinnvoll abgearbeitet werden können.

Drei Anleiterarten stehen der Besatzung zur Verfügung: Frontal, Horizontal-Flucht, Vertikal-Flucht. Die Anleiterart legt fest, wie der Korb, beziehungsweise der Leitersatz oder der Ausleger zum Anleiterziel positioniert wird.

Warum ist die Wahl der optimalen Anleiterart so wichtig? Sie bestimmt die Position des Hubrettungsfahrzeugs maßgeblich mit. Ist die Anleiterart ausgewählt und festgelegt, muss der Einheitsführer das Fahrzeug zur endgültigen Standfläche hin einweisen. Er hat mit der Festlegung der Anleiterart die Planung abgeschlossen.

Das gelbe Zahnrad verzahnt sich als letztes mit dem grünen Zahnrad – der HAUS-Regel. Das HAUS steht für Hindernisse, Abstände, Untergrund und Sicherheit. Grün ist im Führungsvorgang die Phase des Befehls – es geht los!

Hindernisse müssen erkannt und beurteilt werden, Abstände zu Hindernissen und zum Anleiterziel abgeschritten werden, der Untergrund muss auf Tragfähigkeit untersucht werden, die Sicherheit während des gesamten Einsatzes überwacht werden.

Warum ist die Anwendung der HAUS-Regel so wichtig? Die HAUS-Regel ist der Leitfaden für den Ausbildungs- und Einsatzdienst und fasst alle wichtigen Handlungen zur schnellen und richtigen Positionierung des Hubrettungsfahrzeugs als logische Abfolge zusammen. Sie trägt dazu bei, die Stressbelastung der Besatzung im Einsatz zu reduzieren. Sie wird bei allen Einsatzarten angewendet – Menschenrettung, Anleiterbereitschaft, Brandbekämpfung und bei der Technischen Hilfeleistung. Der Einheitsführer kann das Hubrettungsfahrzeug jetzt zum optimalen Standort für die festgelegte Einsatzart, für dieses eine spezielle Anleiterziel unter Beachtung aller vor Ort vorhandenen Unwägbarkeiten sicher und richtig einweisen.

Die drei Zahnräder rot, gelb grün – Einsatzart, Anleiterart und HAUS-Regel – werden zu einem wirksamen Zahnradgetriebe. Mehr Informationen gibt es im Internet unter www.drehleiter.info.

7.4 Einsatzart Menschenrettung

Das Retten und in Sicherheit bringen von Personen aus Gefahrensituationen hat höchste Priorität im Einsatz und stellt die Feuerwehr häufig vor Herausforderungen. In den Bauvorschriften der Länder wird gefordert, dass die Feuerwehr den Zweiten Rettungsweg bis zur Hochhausgrenze mithilfe von Rettungsgeräten sicherstellt (siehe auch Kapitel 3.2). Hubrettungsfahrzeuge und tragbare Leitern kommen immer dann zum Einsatz, wenn der erste Rettungsweg (in der Regel der notwendige Treppenraum) für eine sichere Menschenrettung ausfällt.

Merke:

Die Bauordnungen der Länder lassen Nutzungseinheiten für eine größere Personenzahl zu. Die Feuerwehren sollten das in der Einsatzvorbereitung berücksichtigen und die erforderlichen taktischen und technischen Maßnahmen für eine Mehr-Personen-Rettung treffen.

Hubrettungsfahrzeuge verfügen grundsätzlich über zwei Möglichkeiten, um eine Menschenrettung auszuführen:

- Rettungskorb,
- Abstieg über den Leitersatz.

Der Einsatzleiter muss die Vor- und Nachteile dieser beiden Möglichkeiten kennen und sich im Einsatz für die beste Möglichkeit entscheiden. In den Kapiteln 7.4.4 und 7.4.5 sind die Einsatzmöglichkeiten und -grenzen angeführt.

Im Einsatz muss die Menschenrettung organisiert werden, da verschiedene Szenerien im Einsatz auftreten können. Bei einem Einsatz zur Menschenrettung kann die Feuerwehr auf diese möglichen Szenarien treffen:

- Rettung durch einmaliges Anfahren eine Anleiterstelle,
- Rettung durch mehrmaliges Anfahren einer Anleiterstelle,
- Rettung von einer oder mehrerer Personen von mehreren Anleiterstellen.

Maerke:

Anleiterstelle ist die Stelle, die mit dem Korb bzw. der Leiter erreicht werden soll.

Die angeführten Szenarien sind Modelle und helfen dem Einsatzleiter bei der Entscheidungsfindung. In den Kapiteln 7.4.1, 7.4.2 und 7.4.3 sind Vorgehensweisen

Bild 52 und 53: ***Menschenrettungsszenario 1: Mit dem einmaligen Anfahren einer Anleiterstelle können alle betroffenen Personen aus dem Gefahrenbereich gerettet werden. (Bild 52: O. Eyb)***

und Methoden beschrieben, die im Einsatz eine schnelle Entscheidung unterstützen können.

7.4.1 Rettung durch einmaliges Anfahren einer Anleiterstelle

Bei dem ersten Szenario »Rettung durch einmaliges Anfahren einer Anleiterstelle« wird der Standort des Hubrettungsfahrzeuges so gewählt, dass das Anleiterziel noch innerhalb des Drei- oder Vier-Personen-Freistandsfeldes liegt, je nach maximaler Zuladungskapazität des Rettungskorbes. Eine Einsatzkraft fährt das Anleiterziel mit dem Korb an und erreicht dann noch eine Zuladung von zwei oder drei Personen in den Rettungskorb. Für die Rettung ist somit das einmalige Anfahren der Anleiterstelle ausreichend, die Rettung ist danach abgeschlossen.

7.4.2 Rettung durch mehrmaliges Anfahren einer Anleiterstelle

Bei dem zweiten Szenario »Rettung durch mehrmaliges Anfahren einer Anleiterstelle« muss eine Anleiterstelle zur Menschenrettung im so genannten Aufzugsbetrieb mehrmals angefahren werden. Das ist immer dann der Fall, wenn die Zuladung nicht ausreicht, um alle betroffenen Personen auf einmal in Sicherheit zu bringen. Der Rettungskorb ist aber auch bei einem solchen Szenario grundsätzlich

Bild 54 und 55: ***Menschenrettungsszenario 2: Nur durch mehrmaliges Anfahren derselben Anleiterstelle können alle Personen nacheinander aus dem Gefahrenbereich gerettet werden. Ein Aufzugsbetrieb ist hierbei sicherer, als der Abstieg über den Leitersatz. (Bild: FF Norden)***

die sicherste Möglichkeit. Die Gefahren, die bei einem Abstieg auftreten können, sind in Kapitel 7.4.5 beschrieben.

Mithilfe des Führungsvorgangs der FwDV 100 sollten folgende Fragen nach einer umfassenden Erkundung beantwortet werden:

- Welche Möglichkeiten habe ich für die Gefahrenabwehr? = Rettungskorb und Leitersatz
- Welche Vor- und Nachteile haben diese Möglichkeiten? = siehe Kapitel 7.4.5
- Welche Möglichkeit ist die beste? = Entscheidung des Einsatzleiters aufgrund der vorhandenen Lage

Folgende Maßnahmen können die Rettung unterstützen und die Lage stabilisieren:

- Beruhigung und Betreuung der betroffenen, verbleibenden Personen durch eine zweite Einsatzkraft.
- Schließen von Türen oder ggf. Einsatz eines Mobilen Rauchverschlusses, um die Personen an der Anleiterstelle vor nachströmendem Brandrauch zu schützen,
- Einsatz von Fluchthauben.

Praxis-Tipp:

Für ein mehrmaliges Anfahren derselben Anleiterstelle (Aufzugsbetrieb) können Programme, die Ziel und Weg des Hubrettungssatzes speichern, sinnvoll eingesetzt werden.

7.4.3 Rettung einer oder mehrerer Personen von mehreren Anleiterstellen

Das Szenario »Rettung einer oder mehrerer Personen von mehreren Anleiterstellen« kann die Feuerwehr – insbesondere in der Erstphase eines Einsatzes – vor teilweise unlösbare Aufgaben stellen, da in dieser Phase zu wenige Ressourcen für die Beseitigung aller Gefahren vorhanden sind. Die Anleiterstellen müssen mit dem Rettungskorb nacheinander angefahren werden.

Ein solches Einsatzszenario fordert jeden Einsatzleiter in einem extremen Maß. Der erste Eindruck einer derartigen Gesamtlage darf jedoch nicht zu einem blinden Aktionismus führen. Es muss präzise erkundet und genau beurteilt werden, an welcher Anleiterstelle die größte Gefahr für Menschenleben besteht, um zu einem sinnvollen Entschluss über die Reihenfolge der Menschenrettung zu gelangen. Die vier Prioritäten für eine Mehr-Personen-Rettung können für den Einsatzleiter und die Besatzung des Hubrettungsfahrzeugs ein hilfreiches Werkzeug sein. Folgende Prioritäten-Einteilung kann innerhalb des Führungsvorgangs die Planung unterstützen:

1. Am stärksten gefährdete Menschen durch gegenwärtige Brandausbreitung
2. Personengruppen im Gefahrenbereich
3. Einzelne Personen im Gefahrenbereich
4. Personen in ungeschützten Bereichen, angrenzend an den Gefahrenbereich

Die Prioritäten zur Mehr-Personen-Rettung können sich durch Phänomene der schnellen Brandausbreitung ändern. Daher muss der Gefahrenbereich ständig beobachtet und die Einteilung der Prioritäten laufend kontrolliert werden.

Nach Abschluss der Menschenrettung sollte das Hubrettungsfahrzeug in Bereitstellung bleiben (siehe auch Kapitel 8), um bei einer Lageänderung sofort reagieren zu können.

Bild 56 und 57: ***Menschenrettungsszenario 3: Die Prioritäten der Mehr-Personen-Rettung sind ein wirksames Werkzeug für die richtige Reihenfolge der Rettung vieler Personen aus unterschiedlichen Gefahrenbereichen mit einem Hubrettungsfahrzeug. (Bild: R. Schuster/BF Mülheim a. d. R.)***

Praxis-Tipp:

Anleiterziele möglichst von rechts nach links (entgegen dem Uhrzeigersinn) drehend anfahren. Somit wird ein Einspringen in den Korb oder Ausleger vermieden und man ist schon auf gleicher Höhe mit der zu rettenden Person.

Bei der Menschenrettung ist grundsätzlich darauf zu achten, dass die Drehkranzmitte so positioniert wird, dass die maximale Zuladung in den Rettungskorb bzw. auf den Leitersatz gesichert ist (siehe auch Kapitel 7.14.2).

Merke:

Maximale Zuladung in den Korb ermöglicht einen maximalen Rettungserfolg, denn: Je geringer die Ausladung, desto größer die Zuladung!

7.4.4 Rettung mit Korb

Die Rettung mit dem Korb ist die sicherste Variante, Menschen aus großen Höhen in Sicherheit zu bringen und grundsätzlich für eine sichere Menschenrettung empfehlenswert. Es ist möglich, Menschen jeden Alters und auch Verletzte und Erkrankte im Rettungskorb zu transportieren.

Zur Menschenrettung sollte das Anleiterziel möglichst mit der Vorderseite (siehe auch Kapitel 7.9) bzw. einer der beiden Seitenflächen (siehe auch Kapitel 7.11) des Rettungskorbes angefahren werden. Die Drehkranzmitte sollte so positioniert werden, dass Personen sicher in den Korb steigen oder ein sicherer Einstieg mithilfe der Besatzung ermöglicht werden kann. Das Anleitern mit dem Korb im spitzen Winkel an ein Objekt sollte grundsätzlich vermieden werden, um ein sicheres Ein- und Übersteigen zu gewährleisten – auch mit neuen Rettungskörben, die über Einstiege an den vorderen Ecken verfügen.

Müssen eingeschränkt gehfähige und/oder bewusstlose Personen, die nicht selbst über Brüstungen in den Korb klettern können, gerettet werden, ist der Einsatz von zwei Einsatzkräften für die Rettung an der Anleiterstelle sinnvoll.

Merke:

Der Rettungskorb ist grundsätzlich die sicherste Variante, Menschen aus Höhen in Sicherheit zu bringen!

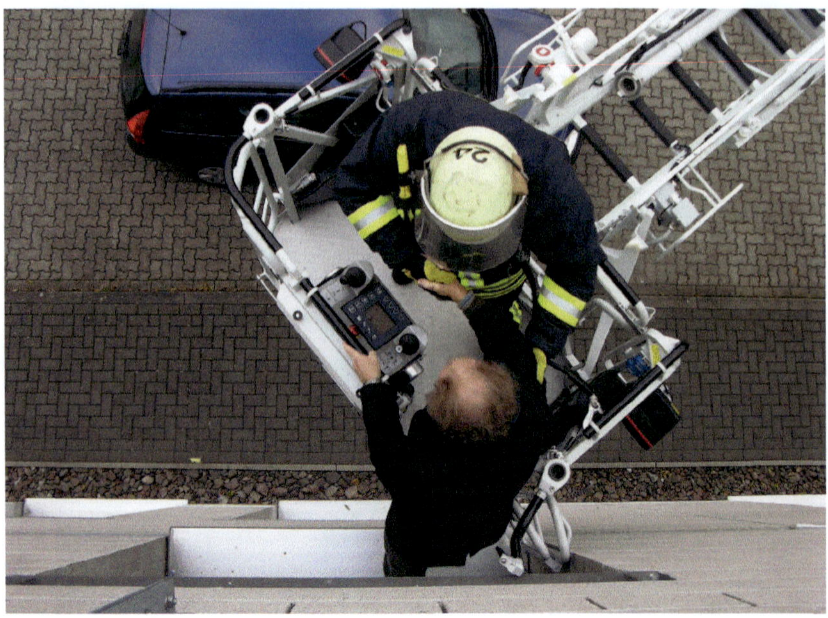

Bild 58: ***Eine Menschenrettung im spitzen Winkel ist mit neuen Rettungskörben zwar deutlich einfacher, aber nicht ungefährlich. Es besteht die Gefahr des Absturzes der zu rettenden Person (hier nach links). (Bild: J. O. Unger)***

7.4.5 Rettung über die Leiter

Die Menschenrettung – Abstieg über den Leitersatz – ist nur für gehfähige Personen geeignet, die sicher auf der Leiter steigen können und auch körperlich dazu in der Lage sind. Für alle Personen, die nur eingeschränkt gehfähig sind oder Höhenangst haben, ist diese Möglichkeit nicht geeignet. Der Einsatzleiter kann in der Erkundungsphase jedoch nur sehr schwer bewerten, um welche Personen es sich beispielsweise im 6. Obergeschoss handelt. Hier kann erst die Besatzung des Rettungskorbes eine genaue Bewertung vornehmen.

Bei dem Abstieg über den Leitersatz ist immer mit den Gefahren des Absturzes oder einer Angstreaktion zu rechnen. Eskaliert die Situation auf der Leiter, kann die Besatzung die Lage nicht mehr sicher beherrschen. Eine Angstreaktion blockiert die Leiter für andere Personen, die auf der Leiter absteigen. Im Falle eines Absturzes besteht die Gefahr, dass weitere Personen in der Leiter mitgerissen werden und ebenfalls abstürzen.

Wird die Rettung über den Leitersatz durchgeführt, sollte eine Feuerwehreinsatzkraft die wartenden Personen an der Anleiterstelle beruhigen. Diese koordiniert dort die Rettung, um die Personen kontrolliert über den Leitersatz absteigen zu lassen.

Bild 59: ***Bei einer Mehr-Personen-Rettung kann der Abstieg über den Leitersatz eine Option sein (so genannte Brückenfunktion). (Bild: Metz)***

Bild 60: ***Gefahr des Absturzes beim Besteigen des Leitersatzes. Die abstürzende Person könnte die anderen Personen mitreißen.***

Bild 61: ***Gefahr der Angstreaktion beim Besteigen des Leitersatzes. Steigt eine Person nicht weiter ab, wird der Leitersatz blockiert.***

Der Leitersatz kann entweder im Freistand bestiegen werden, die Leiterspitze bzw. der Rettungskorb ist dabei nicht am Objekt aufgelegt, oder – bei Drehleitern – in der so genannten Brückenfunktion genutzt werden, wo der Leitersatz am Objekt aufgelegt ist. Je nach Baustufe der Drehleiter und in Abhängigkeit der Ausladung können dann bis zu zwölf Personen gleichzeitig über den Ausleger gerettet werden. Die genauen Bedingungen für den Brückenbetrieb sind der Bedienungsanleitung des Hubrettungsfahrzeugs zu entnehmen. Es ist darauf zu achten, dass die Personen möglichst gleichmäßig im Leitersatz verteilt absteigen.

Wird die Leiter einer Hubarbeitsbühne bestiegen, sollte der Korbarm in einen Winkel von 130 bis 180 Grad zum Hubarm abgewinkelt werden. So wird ein sicheres Übersteigen über das Gelenk ermöglicht.

Bevor die Leiter bestiegen wird, ist der Sprossengleichstand herzustellen. Der Fahrzeugmotor ist in jedem Fall abzustellen, um unbeabsichtigte Bewegungen der Leiter zu verhindern[5]. Als letzter Arbeitsschritt muss die Aufstiegsleiter eingehängt werden.

5 Wird innerhalb der Fahrzeugwartung auf ein effektives Batteriemanagement Wert gelegt, verhindert dies – auch bei längerem Motorstillstand – Probleme mit der Stromversorgung für das Überwachungs- und Steuerungssystem.

Achtung:

Vor dem Besteigen der Leiter: Sprossengleichstand herstellen – Fahrzeugmotor immer abstellen!

Merke:

Bei einer Hubarbeitsbühne muss zusätzlich das Geländer der Rettungsleiter am Korbarm aufgeklappt werden!

Der Maschinist des Hubrettungsfahrzeugs darf den Leitersatz erst dann zum Besteigen freigeben, wenn er sich davon überzeugt hat, dass dies gefahrlos möglich ist. Eine gesicherte Kommunikation zwischen ihm und der Besatzung des Rettungskorbes ist dafür zwingend erforderlich.

Korb	
Vorteile: ▪ sofortiges Sicherheitsempfinden bei den zu rettenden Personen, ▪ Betreuung der geretteten Personen, ▪ Rettung von bewegungseingeschränkten Personen, ▪ Angstreaktion und Absturzgefahr sind beherrschbar.	Nachteile: ▪ mehrmaliges Anfahren der Anleiterstelle, ▪ Betreuung muss an der Anleiterstelle gewährleistet sein, ▪ Ausladungswert sollte das Drei-Personen-Freistandsfeld gewährleisten, damit eine optimale Rettung möglich ist.
Leiter	
Vorteile: ▪ einmaliges Anleitern, ▪ Ausladungswert kann bei Drehleitern vergrößert werden, da ein Brückenbetrieb möglich ist – bei schlecht zugänglichen Objekten kann dann eine größere Ausladung genutzt werden.	Nachteile: ▪ Gefahr des Absturzes vom Leitersatz, ▪ Gefahr der Angstreaktion auf dem Leitersatz (eskaliert die Lage, kann dies von den Einsatzkräften kaum beherrscht werden), ▪ keine Betreuung auf der Leiter möglich, ▪ Die Rettungszeit wird durch den langsamsten Abstieg bestimmt, die Feuerwehr gibt das Heft des Handelns aus der Hand.

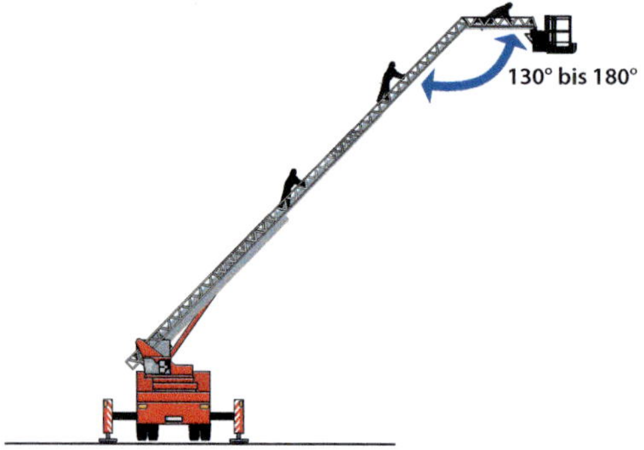

Bild 62: ***Um die Leiter am Gelenk einer HAB sicher übersteigen zu können, sollte der Korbarmwinkel zwischen 130 und 180 Grad liegen.***

7.4.6 Rettung mit Krankentragenlagerung

Der Einsatz der Krankentragenlagerung empfiehlt sich immer dann, wenn Personen aus medizinischer Sicht liegend befördert werden müssen und dies über den natürlichen Zugangsweg nicht möglich ist. Gründe hierfür können zu enge oder zu steile Treppenräume, verwinkelte Wohnungen, aber auch die Rettung eines Verkehrsunfallopfers aus einem in einen Straßengraben gerutschten Pkw sein. Um einen Patienten liegend aus einem Wohngebäude zu retten, müssen folgende Bedingungen erfüllt sein:

- Die Nutzlast der Krankentragenlagerung darf nicht überschritten werden. Hierzu sind das Patientengewicht sowie alle medizinischen Geräte und das Gewicht der Krankentrage mit einzuberechnen.
- Die Nutzlast des Rettungskorbes darf nicht überschritten werden.
- Der Rettungskorb muss ungehindert an das ausgewählte Fenster herangefahren werden können.
- Die Ausladung ist möglichst gering zu wählen, um eine größtmögliche Zuladung zu erreichen.
- Die Krankentrage muss durch das anzuleiternde Fenster passen.
- Die Krankentrage muss ungehindert vom Wohnungsinneren auf die Krankentragenlagerung geschoben werden können – daher: Platz am Fenster schaffen!

Kann der Raum, in dem der Patient versorgt wird, nicht angeleitert werden, muss eine geeignete Anleiterstelle durch den Einsatzleiter erkundet werden.

Wird der auf der Krankentrage gesicherte Patient auf die Halterung geschoben, ist auf eine korrekte Arretierung zu achten. Eine zusätzliche Sicherung des Patienten mit der Trage auf der Krankentragenlagerung mithilfe zusätzlicher Gurte ist unerlässlich.

Merke:

Die Trage mit dem Patienten wird mit dem Kopf voran und möglichst ruckfrei auf die Krankentragenlagerung geschoben.

Eine Sedierung des Patienten durch einen Notarzt kann sinnvoll sein, um beim Patienten eine Höhenangst zu verringern. Der Patient sollte je nach Größe des Rettungskorbes durch eine Feuerwehreinsatzkraft und ggf. einem Rettungsassistenten oder einem Notarzt begleitet werden. Der Patient sollte zudem so schonend und so ruckfrei wie möglich befördert werden. Gemeinsames Training der Feuerwehr mit dem örtlich zuständigen Rettungsdienst kann helfen, im Einsatz wertvolle Zeit einzusparen.

Praxis-Tipp:

Die Reihenfolge der Leiterbewegungen sollte immer zuerst Einziehen, dann Senken und dann Drehen sein. Unnötige Drehbewegungen sollten vermieden und wenn überhaupt, in Bodennähe durchgeführt werden. Eine ausgeschaltete Terrainregulierung kann unkontrollierte Bewegungen des Auslegers verhindern.

7.4.7 Rettung mit Auf-/Abseilgerät und Schleifkorbtrage

Wenn ein Auf- und Abseilgerät (»Rollgliss«, »Swiss Roll«, »Safety Roll«, Flaschenzug, o. Ä.) von einem Hubrettungsfahrzeug aus zur Menschenrettung eingesetzt wird, ist das Fahrzeug ebenso wie bei der Absturzsicherung so zu positionieren, dass die maximale Zuladung in den Rettungskorb möglich ist. Zumindest auf der Lastseite ist mit maximaler Abstützbreite abzustützen. Im Idealfall wird mit 180 Grad gedrehtem Hubrettungssatz über das Heck gearbeitet (gerade bei übergewichtigen Personen Herstellerangaben zur möglichen Ausladung etc. beachten).

Zusätzlich zum Auf- und Abseilgerät ist eine zweite Sicherung zu gewährleisten. Dazu wird – analog des Aufbaus für die Absturzsicherung (siehe auch Kapitel 7.7.3) – die Sicherung mit dem »Gerätesatz Absturzsicherung« vorbereitet. Beide Systeme werden an der Leiterspitze an den entsprechend gekennzeichneten Anschlagpunkten eingehängt und vom Drehgestell/Boden aus bedient.

Die mit einer Abseilspinne vorbereitete Schleifkorbtrage wird am Auf- und Abseilgerät angeschlagen. Über das Kernmantel-Dynamikseil der Absturzsicherung wird die zu rettende Person zum Beispiel mit einem Rettungsdreieck eingebunden. Zusätzlich wird das Kernmantel-Dynamikseil auch an der Abseilspinne fixiert; so bleibt bei einem Versagen des Auf- und Abseilgeräts der Patient durch die Korbtrage gehalten. Zur einfachen Führung der Trage können Führungsleinen an den Griffen angebracht werden.

Praxis-Tipp:

Eine Personenrettung sollte möglichst mit Muskelkraft mittels des Auf- und Abseilgerätes durchgeführt werden, nicht mit Bewegungen der Drehleiter. Falls die Korbtrage oder die zu rettende Person hängen bleibt, merkt man dies sofort. Bei maschineller Zugkraft kann sich zum Beispiel die Trage drehen und der Patient herausfallen, noch bevor die Bewegung über die Steuerung gestoppt werden kann.

7.4.8 Rettung adipöser Personen

Die Rettung von adipösen Patienten wird durch die Zuladungsgrenzen des Hubrettungsfahrzeugs beschränkt. Die maximale Nutzlast der Krankentragenlagerung ist herstellerabhängig und sehr unterschiedlich. Die Nutzlast der Rettungskörbe von Drehleitern liegt derzeit zwischen 180 und 500 Kilogramm und muss ebenfalls beachtet werden (siehe auch Kapitel 4.7 Rettungskörbe). Hubarbeitsbühnen bieten hier eine ähnlich hohe Nutzlast. Allerdings sollte sich jede Feuerwehr im Rahmen der Einsatzvorplanung einen »Plan B« zurechtlegen. Dieser könnte beispielsweise die Nachforderung einer Schwerlastkorbtrage, eines Automobil-Krans und eines erhöhten Personalbedarfs, eventuell mit einer Höhenrettungsgruppe, zur Folge haben. In jedem Fall muss mit einem deutlich erhöhten Zeitansatz gerechnet werden, der mit Rettungsdienst und Notarzt abzusprechen ist. Aufklärung über die Einsatzgrenzen der Hubrettungsfahrzeuge in diesen Fällen kann helfen, damit der Rettungsdienst nicht fälschlicherweise ein ungeeignetes Hubrettungsfahrzeug zur Rettung von schwergewichtigen, adipösen Patienten anfordert.

7.4.9 Person droht zu springen

Das Einsatzstichwort »Person droht zu springen« ist eine Indikation für ein Hubrettungsfahrzeug und sollte so auch in der Alarm- und Ausrückeordnung festgelegt sein. Wie bei der Menschenrettung dient es dazu, eine Person sicher in den Rettungskorb aufzunehmen. Der Unterschied ist aber, dass die Person sich in einer psychischen Extremsituation befindet und sich ggf. in suizidaler Absicht in die Tiefe stürzen will. Alleine durch einen Sturz in die Tiefe kamen 2019 in Deutschland 917 Menschen bei einem Suizid ums Leben (destatis, 2021). Als mögliche Gefahren sind eine Angstreaktion und ein möglicher Absturz der Person, der eventuell auch unbeabsichtigt durch Erschöpfung eintreten kann, zu berücksichtigen. Das beabsichtigte Springen beeinflusst die Fahrzeugaufstellung. Wichtig ist, dass sich das Fahrerhaus und das Podium außerhalb der Sprungzone befinden. Trotzdem sollte der gewählte Fahrzeugstandort noch das Drei-Personen-Freistandsfeld ermöglichen. Denn außer der Einsatzkraft für die Korbsteuerung sollte auch die gefährdete Person und ggf. ein Notfallseelsorger in den Rettungskorb aufgenommen werden können.

Als Alternative zu einer lauten Ansprache von der Straßenebene ermöglicht ein Hubrettungsfahrzeug mit Rettungskorb das Gespräch auf »Augenhöhe«, welches auch mithilfe eines Notfallseelsorgers geführt werden kann. Lässt sich die Person davon überzeugen, sich wieder in Sicherheit zu bringen, sollte sie, wenn möglich, auf dem baulichen Weg zurückgeführt werden. Eine Rettung mit dem Korb sollte nur als zweite Möglichkeit genutzt werden. Die Einsatzkräfte im Korb sollten sich mit einem Auffanggurt sichern, weil durch evtl. geöffnete Korbtüren oder eine Eskalation im Korb ein Absturzrisiko besteht.

Merke:

Den Rettungskorb immer neben der Person positionieren, damit das Springen in den Korb ausgeschlossen ist.

Einsatzgrundsätze Menschenrettung:

- Position der Drehkranzmitte des Hubrettungsfahrzeugs möglichst nah am Anleiterziel festlegen, denn: Je geringer die Ausladung, desto größer die Zuladung, desto mehr Personen können zeitgleich gerettet werden.
- Bei einer Mehr-Personen-Rettung geben die vier Prioritäten dem Einsatzleiter ein wirksames Werkzeug an die Hand, um die Reihenfolge für die Rettung festzulegen.
- Eine Mehr-Personen-Rettung sollte grundsätzlich mittels Korb – gegebenenfalls durch mehrmaliges Anfahren des Anleiterzieles – durch-

geführt werden. Ein Abstieg über den Leitersatz birgt die Gefahren Angstreaktion und Absturz. Beide können von den Einsatzkräften nur schwer beherrscht werden.
- Anleiterziele von rechts nach links eindrehend – entgegen dem Uhrzeigersinn – anfahren. So wird ein Einspringen in den Korb/Leitersatz verhindert und man gibt der zu rettenden Person nicht das Gefühl, »vorbeizufahren«.

7.5 Einsatzart Anleiterbereitschaft

Die Anleiterbereitschaft (ALB) ist eine spezielle Taktik an Brandstellen, um bei einer Brandbekämpfung einen zweiten Rettungsweg zu sichern. Die Anleiterbereitschaft kann mithilfe von Hubrettungsfahrzeugen, tragbaren Leitern und Sprungrettungsgeräten sichergestellt werden. Diese Form der Bereitstellung von Leitern sichert den unter Atemschutz vorgehenden Trupps im Innenangriff einen über den eigentlichen Angriffsweg hinausgehenden zusätzlichen Rettungs- und Fluchtweg – einen so genannten »Stairway to safety!«

Definition nach DIN 14011 „Feuerwehrwesen – Begriffe"

Anleiterbereitschaft ist die Sicherstellung eines zusätzlichen Rückzugsweges für im Innenangriff vorgehende Einsatzkräfte, wenn sich Brandstellen oberhalb des Erdgeschosses befinden oder eine Personensuche oberhalb des Brandgeschosses erfolgt, mittels in Stellung gebrachtem Hubrettungsfahrzeug, tragbarer Leiter und/oder Sprungrettungsgerät, so dass deren sofortige Nutzung im Bedarfsfall möglich ist

Anmerkung 1 zum Begriff: An einer Einsatzstelle können mehrere Anleiterbereitschaften notwendig sein.

Die Anleiterbereitschaft sollte vom Einsatzleiter möglichst zeitnah zum Einsatzbeginn befohlen werden. Auch wenn eine Menschenrettung mithilfe eines Hubrettungsfahrzeugs nicht notwendig ist bzw. diese bereits erfolgreich abgeschlossen wurde.

Da Drehleitern und Hubarbeitsbühnen flexibler einsetzbar sind, als tragbare Leitern und größere Abschnitte eines Gebäudes absichern können, sollten diese auch bevorzugt für eine Anleiterbereitschaft verwendet werden. Tragbare Leitern werden immer vor Sprungrettungsgeräten bevorzugt genutzt.

Bei einem ALB-Einsatz wird das Hubrettungsfahrzeug komplett abgestützt. Der Ausleger wird so positioniert, dass der Rettungskorb bzw. die Leiterspitze sich dann in räumlicher Nähe zum Gefahrenbereich befindet, in dem die Atemschutzgeräteträger vorgehen. Es wird am betroffenen Objekt nicht angeleitert, um sich eine möglichst große Flexibilität mit dem Ausleger zu erhalten. Der Maschinist des Hubrettungsfahrzeugs kann somit auf unvorhergesehene Ereignisse schnell reagieren.

Grundsätzlich sollte ein Hubrettungsfahrzeug so positioniert werden, dass mindestens ein Trupp in den Korb zusteigen kann. Lässt die Ausladung dies zu, kann ein Feuerwehrangehöriger im Rettungskorb bereit stehen, um beim Ausstieg eines in Not geratenen Atemschutz-Trupps Hilfestellung geben zu können.

Sollen lange Gebäudefronten abgesichert werden, wird die Drehkranzmitte des Hubrettungsfahrzeugs zur Anleiterbereitschaft idealerweise so positioniert, dass mit dem Ausleger zwei Gebäudeseiten gleichzeitig abgedeckt werden können. Dabei muss man auf die optimale Positionierung, wie sie zur Menschenrettung durchgeführt wird, zugunsten der größeren Erreichbarkeit von möglichst viel Gebäudefläche, verzichten. Auf eine Korbbesatzung sollte hierbei zugunsten der größeren Ausladung verzichtet werden.

Durch ein Hubrettungsfahrzeug werden jene Gebäudeteile optimal abgesichert, die mit dem Ausleger im Zwei-Personen-Freistandsfeld erreicht werden können. Maximal kann bis zum Erreichen des Auflagefeldes abgesichert werden, wenn eine geeignete Auflagefläche für den Ausleger vorhanden ist. Alle darüber hinausgehenden Gebäudeteile sollten mit weiteren Hubrettungsfahrzeugen oder tragbaren Leitern gesichert werden.

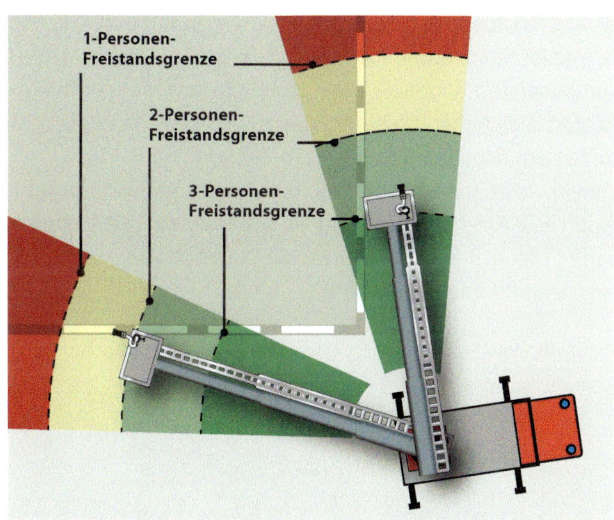

Bild 63: ***Mit einem Hubrettungsfahrzeug können zwei Gebäudeseiten bis zu der Freistandsgrenze abgesichert werden, sodass noch ein Trupp in den Korb gerettet werden kann.***

Merke:

Der Hauptsteuerstand des Hubrettungsfahrzeugs muss für die Anleiterbereitschaft während der gesamten Einsatzdauer besetzt bleiben.

Soll der Leitersatz von Atemschutzgeräteträgern bestiegen werden, so ist zuvor ein Sprossengleichstand der einzelnen Leiterteile herzustellen. Der Motor ist in jedem Fall auszuschalten! Die Aufstiegsleiter muss anschließend in das letzte Leiterteil eingehängt werden. Diese kann schon zu Beginn der ALB von der Besatzung der Drehleiter bereitgelegt werden.

Gebäudeseiten, die nicht von Hubrettungsfahrzeugen erreicht werden können, sind mithilfe von tragbaren Leitern bzw. als Ultima Ratio mit Sprungrettungsgeräten zu sichern.

Praxis-Tipp:

Auch bei Kellerbränden in Wohngebäuden kann eine Anleiterbereitschaft durch ein Hubrettungsfahrzeug sinnvoll sein. Ist der Erste Rettungsweg – Treppenraum – durch Brandrauch versperrt, kann es zu Angstreaktionen der Bewohner kommen. Die Anleiterbereitschaft mit einem Hubrettungsfahrzeug ermöglicht in diesen Fällen dann eine zügige Menschenrettung.

Steht die Anleiterbereitschaft, sind alle Einsatzkräfte über Einsatzstellenfunk zu informieren, wo und mit welchem Rettungsgerät der Zweite Rettungsweg sichergestellt wird. Je nach Lage sollten die Aufgaben Innenangriff und Anleiterbereitschaft in einem Einsatzabschnitt zusammengeführt werden. Der Einsatzabschnittsleiter sollte über umfassende Kenntnisse über den Einsatz von Hubrettungsfahrzeugen und die Einsatzart Anleiterbereitschaft verfügen. Nur so kann er die richtigen Mittel zur richtigen Zeit am richtigen Ort einsetzen.

Im Zusammenwirken mit anderen Maßnahmen des Atemschutz-Notfallmanagements verbessert eine Anleiterbereitschaft die Sicherheit der Atemschutzgeräteträger im Innenangriff. Die ALB sollte daher in die laufende Aus- und Fortbildung für Feuerwehreinsatzkräfte integriert werden.

Literaturtipp:

Weitere Informationen zur Anleiterbereitschaft gibt es im Roten Heft/Ausbildung kompakt 226: Nils Beneke/Jan Ole Unger: Anleiterbereitschaft.

Einsatzgrundsätze »Anleiterbereitschaft«:

- Das Hubrettungsfahrzeug möglichst so positionieren, dass zwei Gebäudeseiten abgesichert werden können.
- Eine Gebäudefront kann mit einem Hubrettungsfahrzeug sinnvoller Weise bis zum Erreichen der Zwei-Personen-Freistandsgrenze abgesichert werden.
- Der Hauptsteuerstand ist während der Einsatzart Anleiterbereitschaft permanent besetzt zu halten, nur so kann im Notfall schnell reagiert werden.
- Ein kombinierter Einsatz von mehreren Hubrettungsfahrzeugen und/ oder tragbaren Leitern vergrößert die abzusichernde Gebäudefläche und erhöht die Sicherheit der im Innenangriff vorgehenden Atemschutzgeräteträger.

7.6 Einsatzart Brandbekämpfung

Die dritte Einsatzart des roten Zahnrads des »Einsatzschemas für Hubrettungsfahrzeuge« ist die Brandbekämpfung. Bei der Brandbekämpfung werden Hubrettungsfahrzeuge für verschiedene Einsatzmaßnahmen eingesetzt. Sie werden als Angriffsweg, zur Vornahme von Wende- und Strahlrohren, zur Schaffung von Ventilations- und Dachhautöffnungen, aber auch zur Vornahme eines Überdruckbelüfters für eine taktische Ventilation eingesetzt.

Bei allen Bränden muss mit Wärmestrahlung, einer schnellen Brandausbreitung oder dem Ein- und Absturz von Bauteilen gerechnet werden. Der Einsatzleiter muss dies bei der Fahrzeugaufstellung berücksichtigen.

Praxis-Tipp:

Brandrauch ist ein gefährliches Brandfolgeprodukt. So sind neben Bestandteilen wie Salzsäure und Schwefeldioxid auch feste Teilchen wie beispielsweise Ruß, Holzkohle oder Flugasche enthalten. Durch Brandrauch kann der Hubrettungssatz und die dort verbaute Technik verschmutzt und beschädigt werden. Deshalb ist es empfehlenswert, die Verunreinigungen nach dem Einsatz noch an der Einsatzstelle zu entfernen. Hierfür sollten speziell für die Dekontamination von Geräten ausgerüstete Einheiten (Dekon-G) eingesetzt werden.

Grundsätzlich lässt sich der Einsatz von Hubrettungsfahrzeugen bei Bränden in zwei Kategorien einteilen:

1. Brände, bei denen ein Anleiterziel zur Brandbekämpfung, zur Dachhautöffnung oder zur Ventilation von den Einsatzkräften mit der notwendigen Ausrüstung erreicht werden muss. Hier gilt für die Standortwahl: Das Anleiterziel muss innerhalb der Freistandsgrenze erreicht werden, die ausreicht, um den Angriffstrupp und die notwendige Ausrüstung, wie Werkzeuge zur Dachhautöffnung, Schlauch und Strahlrohr usw., aufzunehmen. Die Position der Drehkranzmitte soll dabei so gewählt werden, dass die Korboberkante bündig zu einem Fenstersims angeleitert werden kann. So kann die Besatzung des Korbes vor einer schnellen Brandausbreitung in Deckung gehen.

Bild 64: ***Wird die Korboberkante unterhalb eines Fenstersimses positioniert, können Einsatzkräfte vor einer schnellen Brandausbreitung in Deckung gehen. (Bild: A. Zand-Vakili)***

2. Brände, bei denen das Anleiterziel nicht erreicht werden muss, da der Brand mit einem Wenderohr/Wasserwerfer bekämpft werden soll. Einsatzgebiete hierfür sind beispielsweise Brände in Industrie- oder Gewerbeobjekten, die so konstruiert sind, dass mit der Gefahr durch Einsturz von Bauteilen gerechnet werden muss und/oder und eine erhebliche Wärmestrahlung auftritt. Hier gilt für die Standortwahl: Abstand halten vor Wärmestrahlung und Einhalten des Trümmerschattens, damit die Besatzung und das Hubrettungsfahrzeug nicht gefährdet werden.

7.6.1 Angriffsweg

Die Feuerwehr nutzt häufig die notwendige Treppe oder den notwendigen Flur als Angriffsweg. Diese Wege sind aber auch der Erste Rettungsweg für Menschen. Als Alternative zu den Treppenräumen können auch Hubrettungsfahrzeuge als Angriffsweg eingesetzt werden, um die Brandbekämpfung durchzuführen. Dieses Vorgehen kann die Verrauchung des Treppenraumes verhindern und sichert den Bewohnern somit den baulichen Fluchtweg.

> ***»Was tun wir selten oder nie? Alternative Angriffswege nutzen.«***
> *(zitiert nach: Falsche Taktik – Große Schäden, Dr. Markus Pulm, Oberbrandrat, BF Karlsruhe)*

Der »qualifizierte Außenangriff«, gemeint ist der gezielte Löschangriff vom Rettungskorb aus, wird mit einem handgeführten Strahlrohr durchgeführt. Hierzu wird ein C-Druckschlauch am C-Abgang des Wendestahlrohrs angeschlossen und in den Brandraum vorgegangen. Ist das Fenster bzw. der Zugang zum Brandraum geschlossen, sollte der Brandraum-Zugang nur aus der Deckung heraus geöffnet werden, damit der Angriffstrupp bei einer schnellen Brandausbreitung nicht gefährdet wird.

Sind gleichzeitig Trupps von innen und außen im Einsatz, muss das Vorgehen durch den Einsatzleiter koordiniert werden. Der Angriffstrupp im Gebäudeinnern dringt dabei bis zur letzten verschlossenen Tür vor dem Brandraum vor. Er sichert den Zugang mithilfe einer eigenen Schlauchleitung. Der Trupp, der über das Hubrettungsfahrzeugs vorgeht, nimmt die Brandbekämpfung vor.

Um diese Einsatzmaßnahme durchführen zu können, sollten im Korb mindestens mitgeführt werden (siehe auch Kapitel 4.7 »Bielefelder-Kiste«):

- Brechwerkzeug oder Einreißhaken,
- zwei C-Druckschläuche,
- Hohlstrahlrohr,
- Schlauchhalter.

Diese Einsatzart ist bis zur maximalen Rettungshöhe des Hubrettungsfahrzeugs möglich.

7.6.2 Einsatz von Wenderohr, Strahlrohr und Schaumrohr

Die Brandbekämpfung vom Rettungskorb kann mit einem handgeführten Strahlrohr oder einem Wasserwerfer, auch Wenderohr genannt, durchgeführt werden. Außer dem Löschmittel Wasser, kann auch Schaum über ein Schaumrohr abgegeben werden, welches beispielsweise an die Kupplung am Wasserwerfer angeschlossen wird.

Wird ein Wasserwerfer aus dem Korb eingesetzt, ist vom Einsatzleiter auf eine ausreichende Wasserversorgung zu achten. Für die Wasserlieferung zum Wasserwerfer im Korb sollte immer eine separate Feuerlöschkreiselpumpe eingesetzt werden, da außer der erforderlichen Wassermenge auch ein hoher Druck von

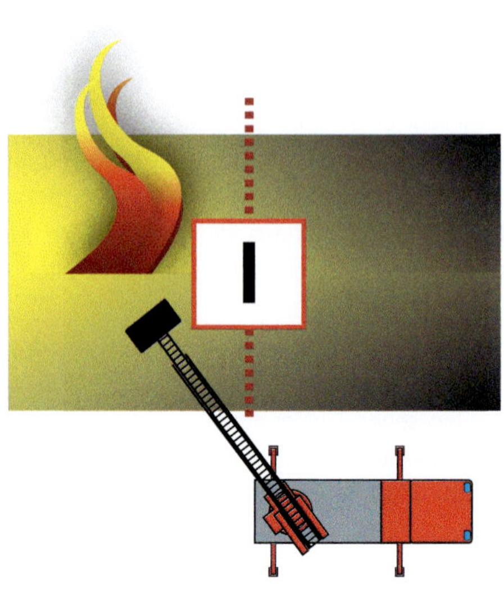

Bild 65: ***Riegelstellung mithilfe eines Hubrettungsfahrzeugs. Das Hubrettungsfahrzeug sollte nie so positioniert werden, dass man den Flammen hinterher löscht, vielmehr muss die Drehkranzmitte so stehen, dass eine Verteidigung der intakten Gebäudeteile, z. B. an einer Brandwand möglich ist.***

teilweise 10 bar am Wasserwerfer erforderlich ist. Dazu wird der Einsatz einer Feuerlöschkreiselpumpe des Typs FPN 10-2000 empfohlen. Um massive Druckschwankungen beim Öffnen und Schließen der Armatur zur Wasserabgabe zu vermeiden, kann zwischen dem Druckabgang der Feuerlöschkreiselpumpe und der Wasserzuführung zum Korb ein Druckbegrenzungsventil eingebaut werden. Der Ausgangsdruck der Feuerlöschkreiselpumpe ist langsam zu steigern, das Absperrorgan des Verteilers langsam zu öffnen.

Bei Hubrettungsfahrzeugen ohne fest eingebaute Wasserhochführung, erfolgt die Wasserversorgung zum Wasserwerfer über einen B-35-K-Druckschlauch. Ein seitlich herunterhängender Schlauch bei aufgerichteter Leiter ist unzulässig; der Schlauch muss sicher im Leitersatz liegen.

Praxis-Tipp:

Der Leitersatz sollte nur mit gefülltem B-35-K-Druckschlauch ausgefahren werden. Die Lastzunahme wird so vom Rechnersystem erfasst und ein unbeabsichtigtes Überfahren einer Freistands- oder der Benutzungsgrenze verhindert. Dieses Vorgehen dient der Standsicherheit des Hubrettungsfahrzeugs.

Merke:

Ein gefüllter B-35-K-Druckschlauch belastet den Leitersatz je nach Länge mit mehr als 100 Kilogramm. Die Nutzlast des Korbes kann daher pauschal um eine Person reduziert werden.

Achtung:

Die Bedingungen für den Einsatz von Wasserwerfern sind herstellerabhängig. Es gelten die Betriebsanweisungen der Bedienungsanleitungen!

Wasserwerfer

Der Wasserwerfer kann nur begrenzt vertikal und horizontal geschwenkt werden. Ist dieser Bereich für den Löschangriff nicht ausreichend, muss der Ausleger bewegt werden. Bei Drehbewegungen sollte der B-Druckschlauch am Heck von Hand nachgeführt werden.

Beim Ausfahren und Einziehen des Leitersatzes sollte der B-Druckschlauch immer gefüllt sein. Dadurch kann verhindert werden, dass ein leerer Schlauch zwischen den Sprossen einklemmt wird.

Für die Ausfahrlänge des Auslegers gilt: So kurz wie möglich, so weit wie nötig.

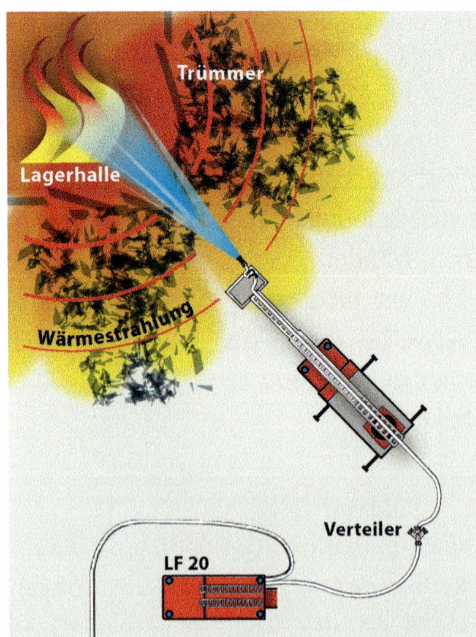

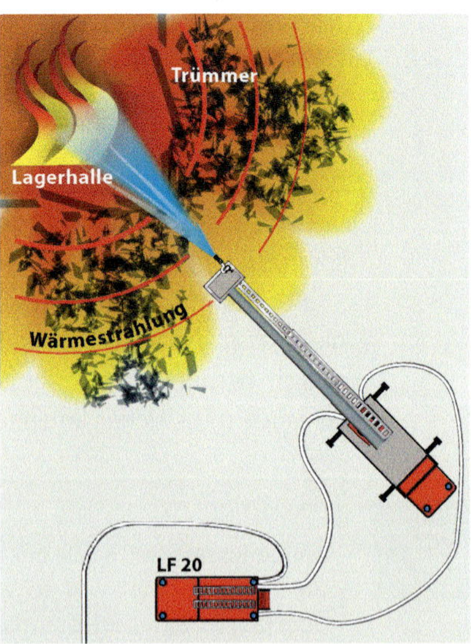

Bild 66 und 67: ***Ein Wenderohreinsatz sollte bei einer Drehleiter in Fahrtrichtung über das Fahrerhaus, bei einer Hubarbeitsbühne über das Heck durchgeführt werden.***

Praxis-Tipp:

- Bei der Brandbekämpfung mit Wenderohr erfolgt die Löschmittelabgabe bei einer Drehleiter in Fahrtrichtung und über das Fahrerhaus (Drehwinkel 0 Grad) hinweg. Eine Einsatzkraft ist mit der Schlauchführung an der Drehleiter zu beauftragen.
- Bei Hubarbeitsbühnen erfolgt die Löschmittelabgabe über das Heck (Drehwinkel 180 Grad).

Praxis-Tipp:

Im Internet kann unter www.drehleiter.info die DREHLEITER-info-Fachinformation »Richtiger Wenderohreinsatz über eine Drehleiter« heruntergeladen werden.

Handgeführte Strahlrohre

Für einen Löschangriff mit einem handgeführten Strahlrohr aus dem Korb eignet sich ein kurzer formbeständiger Druckschlauch oder C-Schlauch. Dieser kann am separaten C-Abgang des Wasserwerfers oder an einer Kupplung vor der Düse angeschlossen werden. Der Vorteil von handgeführten Strahlrohren ist die dosierte

Abgabe geringer Wassermengen, um beispielsweise Glutnester in einer Dachkonstruktion gezielt abzulöschen.

Schaumrohre

Über den Korb können Schwer-, Mittel- und Leichtschaum abgegeben werden. Für Schwer- und Mittelschaum werden zusätzlich zum Wenderohr spezielle Aufsätze für die Wasserwerferdüse oder separate Schaumrohre benötigt. Wird ein Z-Zumischer (Injektorzumischer) verwendet, sollte dieser aufgrund der Schaummittellogistik nicht im Korb, sondern auf der Geländeoberfläche stehen und vor dem B-35-K-Druckschlauch eingebaut werden.

Eine Besonderheit stellt die Möglichkeit der Abgabe von Leichtschaum über eine Drehleiter dar (z. B. Flexi-Foam-System). Für diesen Einsatz müssen die erforderlichen Lutten vom Leichtschaumgenerator aus im Ausleger verlegt werden. Der Leichtschaumkopf wird im Rettungskorb befestigt.

Merke:

Ein Schaumeinsatz sollte erst begonnen werden, wenn ausreichend Schaumrohre und Schaummittel zur Verfügung stehen und wenn sichergestellt ist, dass der Einsatz ohne Unterbrechung zum Erfolg führen wird.

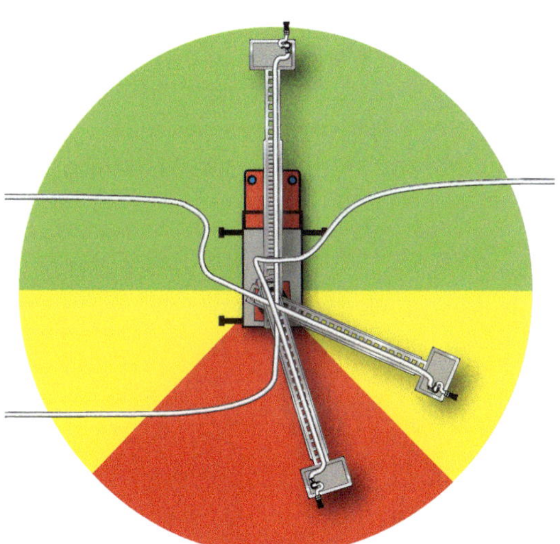

Bild 68: ***Eine effektive Schlauchnachführung sollte grundsätzlich durchgeführt werden. Ohne Schlauchnachführung können Sensoren abgerissen oder eine Schlauchleitung zwischen die Leiterteile gezogen und eine Drehleiter stark beschädigt werden. Bleibt man im grünen, Bereich, behindern die Aufbauten der Drehleiter nicht die Schlauchnachführung. Im gelben Bereich muss ein erhöhtes Augenmerk auf die Schlauchnachführung gelegt werden, der rote Bereich sollte vermieden werden.***

Bild 69: ***Diese Art der »Schlauchreserve« kann durch eine Schlauchnachführung vermieden werden. (Bild: FF Langenhorn)***

Bild 70: ***Ohne Schlauchnachführung kann auch ein gefüllter Druckschlauch zwischen die Leiterelemente eingezogen werden. (Bild: T. Weege)***

Achtung:

Die Brandbekämpfung vom Rettungskorb darf erst erfolgen, wenn sichergestellt ist, dass sich keine Personen mehr im entsprechenden Gefahrenbereich aufhalten.

7.6.3 Dachhautöffnung

Dächer bilden den oberen Abschluss eines Gebäudes. Sie werden in Flachdach, geneigtes Dach und Steildach unterteilt und haben die Aufgabe, die Gebäude vor Wettereinflüssen wie Regen, Schnee und Wind von außen zu schützen. Dieser Schutz nach außen verhindert aber auch die Abführung von Rauch und Wärme aus einem Gebäude. Zudem sind Brandnester unter der Dachhaut von innen schwer zugänglich. Um diese Probleme zu beseitigen, muss die Dachhaut im Brandfall häufig geöffnet werden. Dazu müssen die richtigen Werkzeuge ausgewählt werden, da die Dächer aus den folgenden Materialien hergestellt sein können:

- Ton- oder Betondachziegel,
- Schieferdeckung,
- Trapezbleche,
- Bitumendachpappe,
- Glas- und Dachsteineindeckung.

Bei geneigten Dächern und Steildächern werden überwiegend Ton- oder Betonziegel verwendet. Diese können mithilfe eines Einreißhakens aus dem Korb entfernt werden. Bei Flachdächern werden Materialien wie beispielsweise Trapezblech oder Bitumendachpappe verwendet. Diese Dächer können meist nur mithilfe einer Rettungssäge oder eines Trennschleifers geöffnet werden. Mit einer Wärmebildkamera kann das Auffinden der Brandnester unterstützt werden.

Für die Dachöffnung mit Werkzeugen kann es erforderlich sein, dass eine Einsatzkraft den Korb verlassen muss. Dazu muss die Einsatzkraft vor dem Betreten der Dachfläche gegen Absturz gesichert werden (s. a. Kapitel 7.7.3).

Vor Beginn der Dachhautöffnung muss sichergestellt sein, dass der Gefahrenbereich unterhalb des Auslegers abgesichert ist und sich in den Räumen unterhalb der zu öffnenden Dachfläche keine Einsatzkräfte aufhalten.

Achtung:

Bei Dachhautöffnung: Vorsicht vor Durchzündung!

7.6.4 Taktische Ventilation/Lüftereinsatz

Die taktische Ventilation ist das effektivste Mittel, um Brandrauch aus Gebäuden zu entfernen. Sie kann durch den Einsatz eines Hubrettungsfahrzeugs unterstützt werden. Folgende Möglichkeiten können mithilfe des Korbes durchgeführt werden:

- Zuluftöffnung schaffen,
- Abluftöffnung schaffen,
- Lüfter vom Korb aus einsetzen,
- Ventilation durch die Zuluftöffnung,
- Stapelventilation.

Die notwendigen Zuluft- und Abluftöffnungen können beispielsweise mithilfe eines Einreißhakens vom Korb aus geschaffen werden. Diese Maßnahme muss geplant und vorbereitet werden, um Gefahren für die Einsatzkräfte auszuschließen.

Vor dem (gewaltsamen) Öffnen von Fenstern sind die im Innenangriff vorgehenden Trupps zu informieren und die Einsatzkräfte außen vor herunterfallenden Glassplittern zu warnen. Zudem sollte der Korb unterhalb des Fenstersimses positioniert werden – nur so kann die Korbbesatzung einer ggf. entstehenden Stichflamme ausweichen. Mit einer am Korb aufgesetzten Halterung (siehe auch Kapi-

Bild 71: ***Über ein Hubrettungsfahrzeug kann eine taktische Ventilation durchgeführt werden, wenn Druckbelüfter nicht optimal platziert werden können. (Bild: M. Köppelmann)***

tel 4.7) kann der Lüfter zielgenau ausgerichtet und der Luftkegel mit dem richtigen Abstand auf die Zuluftöffnung gerichtet werden.

Einsatzgrundsätze Brandbekämpfung:

- Grundsätzlich eine großvolumige Wasserversorgung (B-35-K) bis zum Korb und zum Wenderohr nutzen. Eine Verringerung auf C oder D ist ab dort möglich.
- Wenderohrangriff: Bei der Drehleiter über das Fahrerhaus, bei der Hubarbeitsbühne über das Heck durchführen.
- Den Leitersatz nur mit gefülltem B-Schlauch ausfahren. Das verhindert eine Überlastung des Hubrettungsatzes.
- Da bei einer Brandbekämpfung jederzeit mit einer schnellen Brandausbreitung gerechnet werden muss, trägt die Korbbesatzung die komplette Persönliche Schutzausrüstung (PSA) und schützt sich mit Isoliergeräten gegen Atemgifte.

- Der Maschinist legt sich mindestens ein Filtergerät zum Schutz gegen Atemgifte am Hauptsteuerstand bereit.
- Der Korb soll nicht über einem brennenden Objekt positioniert werden. Bei einer Durchzündung oder einer Explosion von Druckbehältern wäre der Korb mit der Besatzung dem Ereignis schutzlos ausgesetzt.
- Bei einem Löschangriff in eine Öffnung, sollte der Korb unterhalb der Öffnungskante positioniert werden, um ggf. eine Deckung in geschütztem Bereich zu ermöglichen.
- Bei einem Einsatz an Industrie- oder Lagerhallen sollte das Fahrzeug an den Ecken positioniert werden. Bei einem Einsturz der Wände steht das Fahrzeug außerhalb der Fallfläche.
- Die Dachflächen sind vor der Brandbekämpfung zu öffnen (siehe auch Kapitel 7.6.3).
- Bei einer Riegelstellung soll die Drehkranzmitte so positioniert werden, dass die Verteidigung der intakten Gebäudeteile möglich ist.
- Je nach Brandintensität die Wasserabgabe reduzieren, um einen Wasserschaden gering zu halten. Wassermengen von 1000 Litern und mehr in der Minute können Bauteile zum Einsturz bringen.

7.7 Einsatzart Technische Hilfeleistung

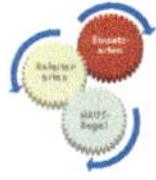

Die vierte Einsatzart im »Einsatzschema für Hubrettungsfahrzeuge« ist die Technische Hilfeleistung. Sie umfasst Maßnahmen zur Abwehr von Gefahren für Leben, Gesundheit oder Sachen, die aus Explosionen, Überschwemmungen, Unfällen oder ähnlichen Ereignissen entstehen. Einsatzmöglichkeiten von Hubrettungsfahrzeugen können hierbei zum Beispiel sein:

- Lose Dachziegel, die herabzufallen drohen, beseitigen;
- Bauteile oder Plakate sichern;
- beschädigte Bäume oder Äste in großer Höhe nach einem Sturm mit Hilfe von Motorkettensägen beseitigen;
- Sicherung von Feuerwehreinsatzkräften gegen Absturz bei Arbeiten in schwer zugänglichen Bereichen;
- Kranen eines Rettungsbootes;
- Beleuchtung einer Einsatzstelle.

Es gilt dabei, je nach Einsatzszenario entsprechende Einsatzgrundsätze zu berücksichtigen. Sinnvoll ist der Einsatz eines Sicherheits- und Beobachtungspostens. Dieser und die Besatzung sollten über Funkgeräte verfügen, um Hinweise auf akut auftretende Gefahren zu geben. Vor dem Einsatz sollte ein Rückzugssignal vereinbart werden.

Der Einsatz des Hubrettungsfahrzeugs sollte immer nur dann durchgeführt werden, wenn eine andere Möglichkeit zur Gefahrenabwehr nicht möglich ist und das Risiko angemessen bewertet wurde gemäß der Frage: Welche Gefahren bestehen für Einsatzmittel und Einsatzkräfte? Die Matrix der »Gefahren der Einsatzstelle« dient dem Einsatzleiter hierbei als effektives Werkzeug. Ist der Einsatz für die Feuerwehr zu gefährlich, sollte lageabhängig auch die Möglichkeit des Rückzuges genutzt werden.

In diesem Fall muss abgesperrt und gegebenenfalls eine Fachfirma mit anderen Mitteln hinzugezogen werden.

Achtung:

Die Feuerwehren bekämpfen Gefahren und keine Schäden!

Bild 72: ***Eine Technische Hilfeleistung sollte möglichst über das Heck in großer Ausladung durchgeführt werden. Herabfallende Trümmer beschädigen so nicht das Fahrzeug. (Bild: M. Köppelmann)***

Setzt eine Feuerwehr Hubrettungsfahrzeuge und andere Einsatzmittel trotzdem zur Beseitigung von Schäden ein, sollte der Einsatzleiter entsprechend den landesrechtlichen Regelungen im Vorfeld die Kosten und die Haftung mit dem Eigentümer klären. Hierzu kann die Feuerwehr beispielsweise vorgefertigte Formblätter bereithalten, die Punkte wie Kostenübernahme und auch Haftungsfragen regeln.

Merke:

Vor jedem Einsatz eines Hubrettungsfahrzeugs zu einer Technischen Hilfeleistung sollte die Zuständigkeit der Feuerwehr entsprechend der landesspezifischen Rechtsvorschriften geprüft werden.

Grundsätzlich bleibt festzuhalten, dass alles, was nicht unmittelbar den Einsatzarten Menschenrettung, Anleiterbereitschaft oder Brandbekämpfung zuzuordnen ist, als Hilfeleistung zählt. Im Folgenden werden die gebräuchlichsten Einsatzarten näher erläutert.

7.7.1 Einsatz mit der Kettensäge

Gefahren, die durch Sturmschäden verursacht wurden, erfordern häufig den Einsatz einer Kettensäge aus dem Korb eines Hubrettungsfahrzeugs, da auf tragbaren Leitern nur mit einer Bügelsäge gearbeitet werden darf.

Grundsätzlich soll sich bei Arbeiten mit der Motorsäge nur eine Person im Drehleiterkorb befinden. Neben der allgemeinen Feuerwehrschutzkleidung ist der Motorsägenführer im Korb des Hubrettungsfahrzeugs mit einem rundumlaufenden Schnittschutz im Beinbereich (Form C nach DIN EN ISO 11393-2:2020-03) sowie mit Gesichts- und Gehörschutz auszustatten.

Ist im Ausnahmefall eine zweite Person zur Unterstützung des Motorsägenführers im Korb zwingend erforderlich, ist diese Person neben der oben aufgeführten Schutzkleidung außerdem mit einem Oberkörperschutz mit zusätzlichem Schutz im Bauchbereich nach DIN EN ISO 11393-6:2020-01 (»Schnittschutzjacke für Baumpflegearbeiten«) auszurüsten. Aufgrund von Unfallereignissen sind von der zweiten Person auch Schnittschutzhandschuhe nach DIN EN ISO 11393-4:2020-03 Form B zu tragen. Wenn sich die Personen im Korb beim Führen der Motorsäge abwechseln, sind beide mit der umfassenden Schutzausrüstung auszustatten, d. h. beide haben Schnittschutzjacken und Schnittschutzhandschuhe zu tragen. Aus ergonomischen Gründen empfiehlt die FUK Niedersachsen, das Sägengewicht möglichst gering zu halten (nicht größer als 6,5 Kilogramm) und die Führungsschienenlänge zu begrenzen (nicht größer als 40 Zentimeter). Des Weiteren sollten Sägeketten mit rückschlagarmen Sägezahnformen (Halbmeißel) verwendet werden. Sind die Sägearbeiten beendet, sollten Ausleger und Rettungskorb gründlich von den Sägespänen gereinigt werden, da es ansonsten zu Beschädigungen kommen kann.

Literaturtipp:

Weitere Informationen zum Einsatz der Motorkettensäge gibt es im Roten Heft 72: Klaus Thrien: Kettensägen im Feuerwehreinsatz.

Die notwendige »Ausbildung für Arbeiten mit der Motorsäge und die Durchführung von Baumarbeiten« sind in der DGUV Information 214-059 geregelt. Hierin werden Ausbildungsinhalte der Module A bis D und auch die Anforderungen an den Ausbildungsträger festgelegt. Für Feuerwehren wird mindestens das Modul C »Arbeit mit Motorsägen in Arbeitskörben von Hubarbeitsbühnen und Drehleitern, ohne stückweises Abtragen von Bäumen« zur Anwendung kommen. Der Ausbildungsumfang hierfür beträgt 16 Unterrichtseinheiten, zuvor muss das Modul A »Grundlagen der Motorsägenarbeit« mit ebenfalls 16 Unterrichtseinheiten absolviert werden.

Bild 73: ***Wenn Kettensägen über ein Hubrettungsfahrzeug eingesetzt werden, müssen die Feuerwehrangehörigen zuvor mindestens in den Modulen A und C ausgebildet worden sein. (Bild: T. Böhm)***

7.7.2 Gebäudeschäden

Durch Sturm, Materialermüdung oder Explosion können Gebäude oder Anlagen so beschädigt sein, dass dadurch auftretende Gefahren nur mit der Unterstützung eines Hubrettungsfahrzeugs beseitigt werden können. Vorteilhaft ist hier besonders der Korb, der es den Einsatzkräften ermöglicht, technische Geräte (z. B. Trennschleifer) einzusetzen.

Der Einsatz von Werkzeugen kann beispielsweise bei ein- oder umgestürzten Gerüsten aus Systembauteilen oder Spezialgerüsten wie zum Beispiel Arbeitsplattformen an Bauwerken notwendig sein. Diese sind durch ihre Konstruktion nach einem Schadenereignis nur schwierig zu demontieren. Durch Materialverwindungen ist der Rückbau meist nur mit Trennschleifern möglich.

Gerüste lassen sich aufgrund der Größe schlecht stabilisieren und können durch Lageveränderungen, Wind oder das Eigengewicht weiter einstürzen. Ist deshalb der Einsatz für die Einsatzkräfte und das Hubrettungsfahrzeug zu gefährlich, sollte der Einsatz abgebrochen und der Gefahrenbereich abgesperrt werden. Bei diesen Einsätzen empfiehlt es sich, einen Gerüstbauer für die fachliche Beurteilung der Lage hinzuzuziehen.

Auch ohne Werkzeug ist es möglich, aus dem Korb Gefahren zu beseitigen. So können beispielsweise lose Dachziegel entfernt und in geringer Anzahl auch mit dem Korb transportiert werden. Dabei ist zu beachten, dass die Ziegel je nach Ausführung zirka 2,5 bis 3,5 Kilogramm wiegen und 25 Ziegel den Korb bereits mit rund 90 Kilogramm belasten.

Bauteile wie z. B. Schornsteinköpfe sollten nicht im Korb transportiert werden. Es besteht Kippgefahr! Weitere Gefahren im Winter können von Dächern und Dachrinnen durch Schnee und Eiszapfen ausgehen. Um Schäden an parkenden Autos oder anderen Gebäudeteilen zu verhindern, dürfen herunterhängende Eiszapfen nicht einfach abgeschlagen werden, sodass sie ungehindert in die Tiefe fallen. Empfehlenswert ist es, die Eiszapfen in Eimern im Rettungskorb zu transportieren.

Achtung:

Den Einsatz sofort einstellen, wenn Bauteile auf das Fahrzeug oder den Hubrettungssatz zu stürzen drohen!

Ist nach Gebäudeeinstürzen und -beschädigungen der Rückbau von Bauteilen und Bauwerken mit einem Kran erforderlich, können die Anschlagmittel aus dem Korb des Hubrettungsfahrzeugs angebracht werden. Präzises Anschlagen ermöglicht ggf.

die weitgehende Erhaltung der Form und der Stabilität des zu demontierenden Elementes.

Wenn lose Werbebanner an Gebäuden entfernt werden müssen, sind die Größe und das Gewicht zu beachten. Bei Sturm oder Böen können sie wie ein Segel wirken und die Windkraft kann den Hubrettungssatz überlasten, es besteht Kippgefahr.

Praxisbeispiel:

Am 27. Januar 2010 kam es im belgischen Lüttich während eines Feuerwehreinsatzes zu einem Teileinsturz einer Gebäudefront, kurz nachdem der Ausleger einer Drehleiter aus dem Trümmer- und Gefahrenbereich herausgefahren wurde. Der Maschinist des Hubrettungsfahrzeugs konnte noch rechtzeitig auf Rufe anderer Einsatzkräfte reagieren und die Einsatzkraft im Korb in Sicherheit bringen.

7.7.3 Absturzsicherung

Wenn die Feuerwehr auf Dächern zum Einsatz kommt, um Gefahren zu beseitigen, kann es schwierig sein, einen geeigneten Festpunkt für die notwendige Absturzsicherung zu finden. Wenn es zudem unmöglich ist, aus dem Korb des Hubrettungsfahrzeugs heraus zu arbeiten, beispielsweise auf Flachdächern, kann eine so genannte Top-Rope-Sicherung zum Einsatz kommen. Hierbei wird die im absturzgefährdeten Bereich arbeitende Feuerwehreinsatzkraft über ein Kernmantel-Dynamikseil (beispielsweise aus dem Gerätesatz DIN 14800-17 »Absturzsicherung«) gesichert.

Dies verläuft von der Einsatzkraft aus gesehen lotrecht nach oben (Top-Rope), wird an der Leiterspitze umgelenkt und weiter zur Sicherungskraft geführt. Bei einem Sturz der zu sichernden Person können wegen der dynamischen Kräfte starke Bewegungen im Korb und an der Leiterspitze entstehen. Deshalb müssen Personen im Rettungskorb und auf dem Leitersatz während des Einsatzes zur Absturzsicherung gesichert sein bzw. es sollten sich während des Sicherungseinsatzes möglichst keine Personen im Korb/auf der Leiter befinden.

Achtung:

Bei der Top-Rope-Sicherung über ein Hubrettungsfahrzeug ist eine Schlappseilbildung unbedingt auszuschließen! Um die Top-Rope-Sicherung fachlich korrekt durchführen zu können, müssen alle beteiligten Einsatzkräfte in der Absturzsicherung ausgebildet sein!

Bild 74: ***Bei der Top-Rope-Sicherung verläuft das Sicherungsseil lotrecht von der Einsatzkraft zur Umlenkung am ersten Leiterelement. (Bild: M. Köppelmann)***

Zusätzlich muss bei der Top-Rope-Sicherung das Sicherungsseil lotrecht nach oben verlaufen und durch die sichernde Person immer straff gehalten werden, um die Belastung für den Gesicherten und die Drehleiter so gering wie möglich zu halten.

Arbeiten und Sicherungsmaßnahmen sind mit mindestens einem selbstständigen Trupp (Stärke: 0/1/2/3) durchzuführen: ein Truppführer (Vorsteiger), der auf dem Dach arbeitet, der Maschinist für Hubrettungsfahrzeuge und ein weiteres Truppmitglied als Sicherungskraft für den Truppführer. Das Hubrettungsfahrzeug ist so zu positionieren, dass die maximale Zuladung in den Rettungskorb möglich ist, zumindest auf der Lastseite ist mit maximaler Abstützbreite abzustützen. Im Idealfall wird mit 180 Grad gedrehtem Hubrettungssatz über das Heck gearbeitet (bzw. Herstellerangaben zur möglichen Ausladung und Personenanzahl beachten).

Der Vorsteiger rüstet sich mit einem Auffanggurt aus und bindet sich in das Kernmantel-Dynamikseil ein. Dann wird das Seil für den Einsatz vorbereitet. Das Seil wird mithilfe eines geeigneten Karabiners an die entsprechend gekennzeichnete Lastöse an der Leiterspitze (zertifizierter Anschlagpunkt oder anderer geeigneter Anschlagpunkt → Herstellerangabe/Gefährdungsbeurteilung) angeschlagen. Dies dient später zur Umlenkung für die Top-Rope-Sicherung.

Von dort aus wird es an der Unterseite des Leitersatzes entlang zum Aufrichtrahmen geführt. Diese Art der Seilführung gewährleistet, dass sich das Seil, wenn es straff geführt wird, beim Ein- und Ausfahren der Leiter nicht zwischen den Sprossen einklemmt. Am Drehgestell oder am Aufrichtrahmen des Hubrettungssatzes – hier sollten spezielle Anschlagvorrichtungen installiert sein – wird ein HMS-Karabiner mittels Bandschlinge fixiert, in die das Seil mit einer Halbmastwurf-Schlinge (HMS) eingelegt wird. Die Sicherungskraft kann nun mithilfe des Halbmastwurfes den Vorsteiger sichern. Die Sicherungskraft steht hierzu auf der Geländeoberfläche dicht am Hubrettungsfahrzeug und hat Sichtkontakt zum Vorsteiger und zum Maschinisten des Hubrettungsfahrzeugs.

Achtung:

Besondere Vorsicht beim Arbeiten mit trennenden Werkzeugen (Motorsäge, Trennschleifer, etc.), damit das Sicherungsseil nicht beschädigt wird. Rücken-Auffangöse des Auffanggurts zum Einbinden nutzen.

Bild 75: ***Für die Top-Rope-Sicherung und auch für das Anschlagen eines Auf-/Abseilgerätes sollten dafür vorgesehene Festpunkte – hier gelb markiert – genutzt werden. (Bild: Magirus)***

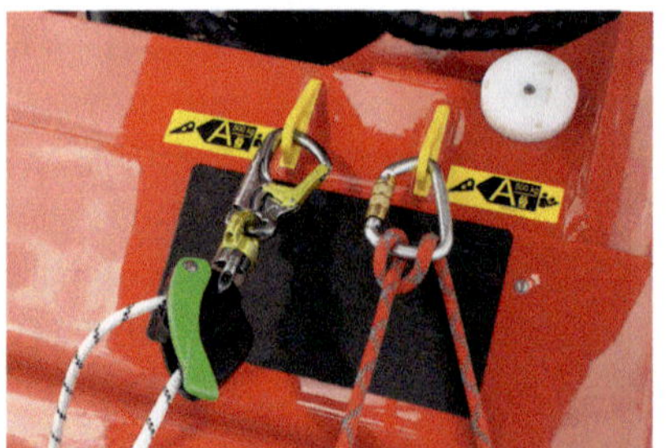

Bild 76: ***Für die Sicherung des Auf-/Abseilgeräts und die Top-Rope-Sicherung können bei Magirus-Drehleitern spezielle Haltepunkte am Drehgestell genutzt werden. (Bild: Magirus)***

Praxis-Tipp:

Das Podium eines Hubrettungsfahrzeugs darf während des Betriebs nicht betreten werden. Daher steht die Sicherungskraft auf der Geländeoberfläche. Er muss sich somit auch nicht mit dem Feuerwehr-Haltegurt sichern.

Nachdem der Vorsteiger den Korb verlassen hat, wird dieser anschließend direkt über dem Vorsteiger positioniert. Abschließend muss eine Schlappseilbildung durch die Sicherungskraft korrigiert und der Motor des Hubrettungsfahrzeugs durch den Maschinisten abgestellt werden. Muss der Vorsteiger die Arbeitsposition während seiner Tätigkeit verändern, so ist die Sicherungsmaßnahme durch den Maschinisten des Hubrettungsfahrzeugs und die Sicherungskraft so lange zu korrigieren, bis sich die Umlenkung wieder über der zu sichernden Person befindet.

Achtung:

Beim Ausfahren des Leitersatzes darf der HMS-Knoten nicht blockiert werden, da der Vorsteiger sonst in die Umlenkung an der Leiterspitze eingeklemmt werden kann. Eine ständige Seilnachführung durch die Sicherungskraft muss gewährleistet werden.

7.7.4 Ausleuchten von Einsatzstellen

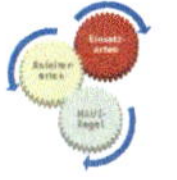

Bei Dunkelheit müssen Einsatzstellen ausreichend beleuchtet werden, damit ein sicheres Arbeiten aller Einsatzkräfte gewährleistet werden kann. Mit der Beleuchtungsausrüstung eines Hubrettungsfahrzeugs ist es möglich, Einsatzstellen blendfrei aus großen Höhen auszuleuchten. Gerade bei größeren Verkehrsunfällen sollte man diese Option der Einsatzstellenbeleuchtung in Erwägung ziehen.

Hubrettungsfahrzeuge verfügen hierzu über fest am Leitersatz oder Hubarm bzw. am Korb angebrachte Scheinwerfer. Hierbei kann es sich um Halogen-, Xenon-, oder LED-Scheinwerfer handeln. Diese Scheinwerfer können vom Hauptsteuerstand, zum Teil auch vom Rettungskorb aus, eingeschaltet und bewegt werden. Die zur Beladung zählenden Flutlichtscheinwerfer können auf am Korb angebrachte Aufsteckzapfen gesteckt werden. Eine andere Möglichkeit ist das Anbringen von so genannten Beleuchtungsballonen unterhalb des Rettungskorbes über spezielle Adapter.

Praxis-Tipp:

Mithilfe einer umfangreichen Beleuchtungsausstattung kann ein Hubrettungsfahrzeug sinnvoll als Lichtmast genutzt werden, um beispielsweise Unfallstellen blendfrei und großflächig auszuleuchten.

7.7.5 Heben von Lasten

Rechtsgrundlagen für den Lasthebeeinsatz

Außer den gültigen Feuerwehr-Dienstvorschriften, den Unfallverhütungsvorschriften »Grundsätze der Prävention«, »Feuerwehren« und »Fahrzeuge« gilt für den Lasthebeeinsatz mit Hubrettungsfahrzeugen die DGUV Vorschrift 53 »UVV Krane«. Diese Vorschrift definiert im Paragraf 2: »Krane im Sinne dieser Unfallverhütungsvorschrift sind Hebezeuge, die Lasten mit einem Tragmittel heben und zusätzlich in eine oder in mehrere Richtungen bewegen können.«

Tragmittel sind in der DGUV Regel 100-500 »Betreiben von Arbeitsmitteln« im Kapitel 2.8 definiert: »Tragmittel sind mit dem Hebezeug dauernd verbundene Einrichtungen zum Aufnehmen von Lastaufnahmemitteln, Anschlagmitteln oder Lasten.« Hierzu zählen die Last-Ösen am Ausleger bzw. der Hubeinrichtung sowie die optionale Sonderausstattung »Kraneinrichtung« für Drehleitern. Kranhaken werden zusätzlich explizit in der DGUV Regel 100-500 genannt.

Stellungnahme der Fachgruppe »Feuerwehren-Hilfeleistung« der Deutschen Gesetzlichen Unfallversicherung (DGUV)

Soll eine Drehleiter [...] als »Kran« eingesetzt werden, muss dies vom Hersteller zugelassen sein. Der Hersteller muss außerdem in seiner Betriebsanleitung die Anforderungen an die Bedienung beschreiben.

In der UVV Krane werden im Paragraf 29 die Anforderungen an einen Kranführer vorgegeben, um einen Kranbetrieb selbstständig und zuverlässig durchführen zu können. Es dürfen nur Personen eingesetzt werden, die »im Führen [...] des Kranes unterwiesen sind und ihre Befähigung hierzu [...] nachgewiesen haben«. Es wird demnach eine spezielle Ausbildung des Kranführers gefordert. So wird es auch in der Anmerkung zu diesem Paragrafen der UVV verstanden und auf den DGUV Grundsatz 309-003 »Auswahl, Unterweisung und Befähigungsnachweis von Kranführern« verwiesen.

Notwendige Ausbildung

Maschinisten für Hubrettungsfahrzeuge sollen durch eine mindestens 35 Stunden umfassende Ausbildung auf ihre Tätigkeit vorbereitet werden, um notwendiges technisches, vor allem aber einsatztaktisches Wissen zu erlangen (siehe auch Kapitel 6). Eine zusätzliche, sinnvolle und den Anforderungen der UVV Krane und des DGUV Grundsatzes 309-003 entsprechende Ausbildung als Kranführer kann in diesem Zeitraum von 35 Unterrichtseinheiten nicht untergebracht werden. Auch ist bislang nicht eindeutig geklärt, wie umfangreich die zusätzliche Ausbildung als »Kranführer für Hubrettungsfahrzeuge« sein muss. Der DGUV Grundsatz 309-003 führt dazu aus:

Der »Inhalt und die Dauer der Unterweisung sind abhängig

- von der zu steuernden Kranart,
- von den auszuführenden Kranarbeiten einschließlich Anschlagarbeiten,
- dem betrieblichen Umfeld, z. B. in Gießereien, in Kraftwerken, auf Großbaustellen,
- von den Vorkenntnissen und der persönlichen Aufnahmefähigkeit des zu Unterweisenden,
- von der Anzahl der Lehrgangsteilnehmer«;
- und weiter: »Erfahrungsgemäß sind für die Dauer der Unterweisung folgende Richtwerte zu berücksichtigen: […] Fahrzeugkrane 15 bis 20 Tage«.

Hubrettungsfahrzeuge sind in der Aufzählung zwar nicht genannt, da die Konstruktion allerdings der eines Fahrzeugkranes ähnlich ist, kann der oben genannte Richtwert gelten. Die Antwort des Obmanns der Fachgruppe »Feuerwehren-Hilfeleistung« der DGUV bleibt hinsichtlich der Ausbildungsdauer etwas verhaltener (siehe Kasten).

Stellungnahme der Fachgruppe »Feuerwehren-Hilfeleistung« der Deutschen Gesetzlichen Unfallversicherung

Der Betreiber der Drehleiter muss gewährleisten, dass die als Drehleiter-Maschinisten eingesetzten Personen u. a. über die fachliche Qualifikation zum Führen und Bedienen der Drehleiter, inklusive möglicher »Kranfunktion«, verfügen. Über die Dauer und den Inhalt der hierfür erforderlichen Ausbildung können wir keine allgemein verbindlichen Angaben machen. Grundsätzliche Anforderungen hierzu sind durch den Hersteller in seiner Betriebsanleitung festzulegen. Der Betreiber ist dafür verantwortlich, auf Grundlage einer Gefährdungsbeurteilung festzulegen, wie seine Drehleiter eingesetzt werden soll.

Die speziellen Lerninhalte für eine zusätzliche Ausbildung für den Lasthebeeinsatz können dem DGUV Grundsatz 309-003 »Auswahl, Unterweisung und Befähigungsnachweis von Kranführern« entnommen werden. Da einige dort angeführte Lernziele auch in dem 35-stündigen Lehrgang »Maschinist für Hubrettungsfahrzeuge« gemäß Musterausbildungsplan der Projektgruppe Feuerwehr-Dienstvorschriften vermittelt werden, könnten diese bei der zusätzlichen Ausbildung entfallen bzw. in verkürzter Form unterrichtet werden. Sind die Maschinisten für Hubrettungsfahrzeuge zudem in einem mindestens 35 Stunden umfassenden Lehrgang »Technische Hilfeleistung« (z. B. gemäß Feuerwehr-Dienstvorschrift 2 »Ausbildung der Freiwilligen Feuerwehren«) ausgebildet, könnten Inhalte wie physikalische Grundlagen und Begriffe oder Absicherung der Einsatzstelle als Wissens-Auffrischung vermittelt werden. Sinnvolle praktische Übungen, die zum Erlangen einer Kranführer-Qualifikation für Hubrettungsfahrzeuge führen, sollten dagegen in vollem Umfang durchgeführt werden (siehe Kasten).

Praktische Ausbildung/Übungen zum Erlangen einer Kranführer-Qualifikation für Hubrettungsfahrzeuge

- feinfühliges Anheben und Absetzen von Lasten, stabile Schwerpunktlage beim Anheben und Absetzen von Lasten,
- gradliniges Fahren mit und ohne Last,
- Zielfahren und Zielsenken nach Vorgabe,
- Abfangen der pendelnden Last,
- Arbeiten mit Einweiser,
- Arbeiten mit Anschläger,
- Fahren mit sperrigen Teilen,
- Anschlagen von Lasten.

Wird aufgrund der vom Betreiber zu erstellenden Gefährdungsbeurteilung (siehe Kapitel 4.9) festgelegt, dass das Hubrettungsfahrzeug zum Kranen eingesetzt werden soll, ist für die Besatzungen eine zusätzliche Ausbildung durchzuführen. Die Ausbildung sollte durch entsprechend qualifizierte Ausbilder erfolgen.

Kann oder soll eine zusätzliche Ausbildung nicht erfolgen, bedeutet dies, dass das Hubrettungsfahrzeug nicht zum Kranen und Heben von Lasten eingesetzt werden kann.

Der Lasthebeeinsatz

Mithilfe von Hubrettungsfahrzeugen können Lasten von bis zu vier Tonnen Gesamtmasse angehoben werden. Hierzu können bei Drehleitern die an der Unterseite des letzten Leiterelements (Unterleiter) verbaute Lastöse oder aber eine extra am Ausleger angebrachte separate Kraneinrichtung genutzt werden. Hubarbeitsbühnen verfügen ebenfalls über Last-Ösen, die sich an der Unterseite des Hubarmes und des Korbes befinden.

Der Maschinist des Hubrettungsfahrzeugs übernimmt beim Lasthebebetrieb die Aufgabe des »Kranführers« auf dem Hauptsteuerstand des Hubrettungsfahrzeugs. Er stellt sicher, dass die Standsicherheit nicht gefährdet wird und keine Personen durch den Lasttransport zu Schaden kommen. Der Einheitsführer des Hubrettungsfahrzeugs übernimmt gemeinsam mit dem Truppmann die Aufgabe des Anschlägers und des Last-Sicherers. Es gelten die Bestimmungen der DGUV Vorschrift 53 »Unfallverhütungsvorschrift Krane«.

Achtung:

Während des Lasthebebetriebs darf sich niemand im Rettungskorb befinden oder den Leitersatz besteigen!

Der Standort des Hubrettungsfahrzeuges ist in Abhängigkeit zur zu hebenden Last zu wählen. Grundsätzlich gilt: Je größer der Aufrichtwinkel des Hubrettungsauslegers ist, desto größer kann die angeschlagene Last sein.

Zum Anschlagen der Last an der Kraneinrichtung bzw. Last-Öse des Hubrettungsfahrzeugs dürfen nur geeignete und ausreichend dimensionierte Anschlagmittel wie Drahtseile, Ketten und Rundschlingen verwendet werden. Dazu gehören selbstverständlich auch Schäkel, die ggf. Verbindungen herstellen.

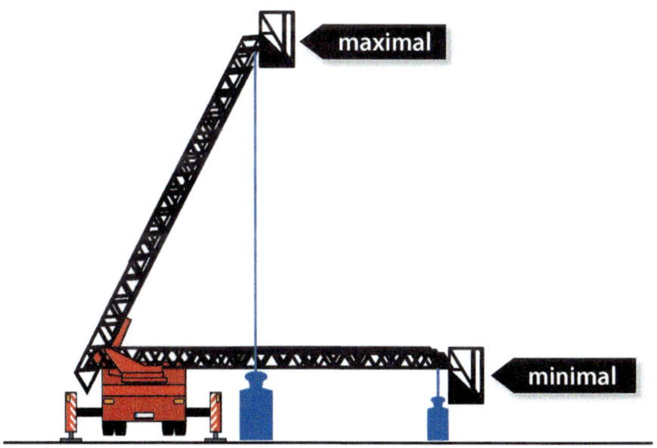

Bild 77: ***Je größer der Aufrichtwinkel, desto größer ist die Hebekraft des Auslegers.***

Bild 78: ***Ein Lasthebeeinsatz mit einem Hubrettungsfahrzeug sollte eine Ausnahme bleiben. Der Maschinist benötigt dafür eine zusätzliche Ausbildung. (Bild: PI Stade)***

Ein universell einsetzbares und im Hubrettungsfahrzeug leicht zu verstauendes Anschlagmittel ist die Rundschlinge aus Polyesterfasern. Die Färbung der Rundschlinge und ein Typenschild mit der Tragfähigkeitskennzeichnung weisen auf die Dimensionierung hin. Als Grundwert für die Belastbarkeit ist die direkte und einsträngige Nutzung in Kilogramm angegeben, bei einer grauen Rundschlinge sind dies 4000 Kilogramm. Nutzt man ein Anschlagmittel nicht direkt und einsträngig, ändern sich die Tragfähigkeiten.

Tabelle 7: ***Tragfähigkeitstabelle für Hebebänder/Rundschlingen in Kilogramm gemäß Typenschild***

Kennfarbe	**direkt**	**geschnürt**	**umgelegt**	**umgelegt**	**umgelegt**
Neigungswinkel	0°	0°	0°	bis 45°	45–60°
violett	1000	800	2000	1400	1000
grün	2000	1600	4000	2800	2000
gelb	3000	2400	6000	4200	3000
grau	4000	3200	8000	5600	4000
rot	5000	4000	10000	7000	5000

Um die Last fachgerecht anzuschlagen, muss ein geeigneter und ausreichend dimensionierter Festpunkt an der Last ausgewählt werden. Er darf beim Anheben der Last nicht abreißen. Bei Pkw kann dies beispielsweise eine unbeschädigte Fahrzeug-Achse sein.

Alternativ kann die Last mit Anschlagmitteln umschlungen werden. Dabei ist darauf zu achten, dass der Neigungswinkel der Anschlagmittel 60 Grad nicht überschreitet. Denn bereits bei 60 Grad ist die Belastung, die auf die Stränge wirkt, doppelt so groß wie das Lastgewicht!

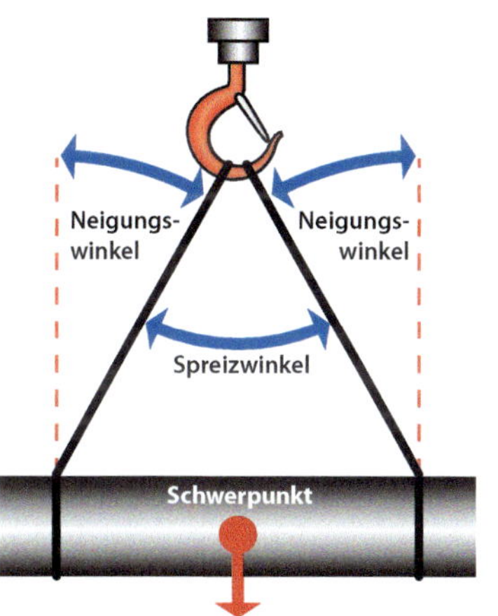

Bild 79: ***Beim Heben einer Last darf der Neigungswinkel 60 Grad nicht überschreiten!***

Achtung:

Bei Strängen von Seilen, Ketten und Hebebändern darf ein Neigungswinkel von 60 Grad nicht überschritten werden!

Um ein freies Drehen der Last zu verhindern, wenn sie angehoben wird, werden zwei entgegengesetzt laufende Arbeitsleinen angeschlagen. Die Last kann somit während des Transportes aus sicherer Entfernung geführt werden. Das Verfahren einer angeschlagenen Last mit dem Hubrettungsfahrzeug ist verboten. Nach dem Absetzen der Last muss sie an ihrem neuen Ort ggf. gegen Wegrutschen gesichert werden.

Literaturtipp:

Weitere Informationen zur Anleiterbereitschaft gibt es im Roten Heft/Ausbildung kompakt 225: Jörg Thöne/Niels Walle: Hubrettungsfahrzeuge im Lasthebeeinsatz.

Hinweise für den Maschinisten für Hubrettungsfahrzeuge/Kranführer beim Lasttransport

- Last nicht schleifen, Last nicht schräg ziehen (Gefährdung der Standsicherheit!).
- Last lotrecht anheben, nicht pendeln lassen.
- Nur freie Lasten anheben – kein Losreißen von Lasten.
- Alle Bewegungen langsam durchführen, keine ruckartigen Bewegungen.
- Last nicht über Personen hinweg führen.
- Last nahe am Boden bewegen.
- Last nicht zu nahe an Personen absetzen.
- Vorsicht bei Lasten, die aus dem Wasser geborgen werden: plötzliche Lastzunahme bei Wegfall des Auftriebs im Wasser.

Hinweise für Anschläger und andere Einsatzkräfte beim Lasttransport

- Der Anschläger darf sich nicht in Engstellen aufhalten – Einklemmungsgefahr!
- Last, Kran und Lastweg beobachten!
- Last gegen Verdrehen mit einer Arbeitsleine sichern!
- Last mit Arbeitsleine führen

7.7.6 Einsatzunterstützung

Mithilfe eines Hubrettungsfahrzeugs besteht die Möglichkeit, einen sicheren Transport von Personal und Geräten zu schwer zugänglichen Einsatzstellen zu ermöglichen. Nicht nur in die Höhe können so zum Beispiel Geräte für Technische Hilfeleistungen transportiert werden.

Durch die Möglichkeit, Hubrettungsfahrzeuge auch im so genannten Unterflurbetrieb zu nutzen (siehe auch Kapitel 7.12), kann technisches Gerät zur Menschenrettung in einen Bereich transportiert werden, der unterhalb der Standfläche der

Bild 80: ***Ein eingeklemmter Kranführer konnte nur mit hydraulischem Rettungsgerät, das an einer Drehleiter befestigt wurde, durch Höhenretter der BF München befreit werden. (Bild: C. Schunk)***

Drehleiter liegt. Hydraulisches Schneid- und Spreizgerät kann zudem so direkt an einem verunglückten Fahrzeug betrieben werden, ohne dass Versorgungsleitungen aufwändig verlegt werden müssen.

7.7.7 Unfälle mit Lkw, Bussen und Schienenfahrzeugen

Bei Unfällen mit Lkw oder Bussen wird die Zugänglichkeit zum Fahrerraum oder zu den Businsassen durch die Fahrzeughöhe erschwert. Bei Schienenfahrzeugen kommt eventuell ein hoher Bahndamm als weiteres Hindernis dazu. Als Alternative zu einer Rettungsplattform kann auch ein Hubrettungsfahrzeug mit Rettungskorb eingesetzt werden. Aus dem Rettungskorb kann sicher mit Werkzeugen und hydraulischem Rettungsgerät gearbeitet werden. Zusätzlich kann der Korb dynamisch am Unfallfahrzeug positioniert werden, welches gerade bei unwegsamem Untergrund vorteilhaft sein kann.

Ist durch schlechte Zugänglichkeit oder Trümmer eine Rettung mithilfe eines Spine-Boards zu gefährlich, kann auch ein Auf- und Abseilgerät in Verbindung mit einem Rettungskorsett eingesetzt werden. Ein Rettungskorsett immobilisiert die Wirbelsäule, hierdurch wird die patientengerechte Rettung verbessert. Das Anlegen eines Rettungskorsetts und der Aufbau dieser Variante benötigen Zeit. Erkennt der Einsatzleiter, dass eine sichere Rettung nur mittels Hubrettungsfahrzeug und Ret-

Bild 81: ***Hubrettungsfahrzeuge eignen sich als sichere Rettungs- und Arbeitsplattform, hier bei einem Zugunfall 2004 in Süßen/Baden-Württemberg. (Bild: S. Baumann)***

tungskorsett möglich ist, sollte rechtzeitig mit dem Aufbau von Hubrettungsfahrzeug und Rollgliss und dem Anlegen des Korsetts begonnen werden. Je nach Hersteller des Korsetts ist zusätzlich auch ein Rettungsdreieck anzulegen. Für eine solche Rettung ist eine enge Absprache zwischen Feuerwehr und Rettungsdienst erforderlich. Für diese Einsatzmaßnahme muss der Einsatzleiter rechtzeitig den Platzbedarf für das Hubrettungsfahrzeug einplanen.

Merke:

Das Hubrettungsfahrzeug muss immer so positioniert werden, dass das Fahrerhaus die Bewegungsfreiheit des Auslegers nicht beeinträchtigt. Die Standfläche muss ausreichend befestigt und tragfähig sein!

7.7.8 Türöffnung

Alternative Angriffswege nutzen und den Gesamtschaden reduzieren – dies sollte auch bei dem Einsatzstichwort »Hilflose Person hinter verschlossener Tür« bedacht werden. Die Wohnungstür als Hauptzugang zu einer Wohnung kann mithilfe von Türöffnungswerkzeugen geöffnet werden. Da aufgrund der modernen Schließtechnik und eingebauter Sperrriegel die Türöffnung erschwert wird und dies Schäden an der Tür oder Zarge zur Folge haben kann, sollten Alternativen gesucht werden. Durch umfassendes Erkunden der anderen Gebäudeseiten findet sich ggf. ein besserer Zugang – beispielsweise eine geöffnete Balkontür oder ein gekipptes Fenster. Der Einsatz des Rettungskorbes ermöglicht gegenüber einer Steck- oder Schiebleiter auch ein sicheres beidhändiges Arbeiten. So kann unter Umständen mithilfe von Fensteröffnungswerkzeugen ein zerstörungsfreier Zugang geschaffen werden.

7.7.9 Unterstützung bei Gefahrguteinsätzen

Ein Hubrettungsfahrzeug wird im Regelfall nicht zu einem Einsatz mit gefährlichen Stoffen und Gütern alarmiert. Wenn allerdings ausgetretene, als gefährlich einzustufende Gase oder Dämpfe aus einem abgeschlossenen Raum entfernt werden müssen, kann dies in Abhängigkeit des Stoffes mithilfe eines Be- und Entlüftungsgerätes erfolgen. Über Saug- und Drucklutten kann der Stoff dann an die Umgebungsluft abgegeben werden. Besteht die Gefahr, dass Einsatzkräfte durch eine zu hohe Konzentration des Stoffes in der Umgebungsluft gefährdet würden, können mehrere Lutten miteinander verbunden am Ausleger eines Hubrettungsfahrzeugs befestigt werden, um dann den Stoff in großer Höhe abzugeben.

Mithilfe eines Hubrettungsfahrzeugs können Dämpfe und Gase aus einer großen Höhe mit einem Wasserschleier niedergeschlagen werden. So ist es möglich, eine »Wasserglocke« über einen leckgeschlagenen Kesselwagen zu legen.

Merke:

Bei einem Einsatz mit gefährlichen Stoffen und Gütern auf die Windrichtung achten. Die Vornahme eines Strahlrohres soll nur mit dem Wind erfolgen.

Einsatzgrundsätze »Technische Hilfeleistung«:

An Einsatzstellen muss insbesondere vor folgenden Gefahren gesichert werden:

- fließendem Verkehr,
- Nachsacken, Wegrutschen, oder Wegrollen von Lasten,
- herabfallenden Teilen,
- Dunkelheit,

- Auf die Beseitigung von weiteren Gefahren sowie die Kennzeichnung und die Absperrung von besonderen Gefahrenstellen innerhalb des Arbeitsbereiches ist zu achten,
- Zur Ordnung des Raumes werden ein Absperr- und ein Arbeitsbereich festgelegt. Weiterhin wird eine Ablagefläche für aus dem Arbeitsbereich entfernte Gegenstände eingerichtet (zum Beispiel Bauteile oder Äste),
- Die Persönliche Schutzausrüstung ist den jeweiligen Erfordernissen des Einsatzes anzupassen (zum Beispiel Schnittschutzkleidung im Korb),
- Teile nicht am Hubrettungssatz anschlagen und losreißen,
- Beobachtungsposten einsetzen,
- windanfällige Teile beachten,
- Fahrzeug außerhalb des Trümmerschattens/Fallbereichs positionieren: Fahrzeug weg von der Gefahr!

Bild 82: ***Bei Einsätzen mit Gefährlichen Stoffen und Gütern kann über Lutten eines Be- und Entlüftungsgerätes in große Höhen entlüftet werden. Dabei muss die Windrichtung ständig beobachtet werden. (Bild: O. Huth)***

7.8 Die drei Anleiterarten

Die Art und Weise, wie der Leitersatz einer Drehleiter beziehungsweise der Ausleger einer Hubarbeitsbühne mit dem Korb optimal zu einem Anleiterziel positioniert wird, hatte lange Zeit unterschiedliche Bezeichnungen. Früher wurden beispielsweise auch die Begriffe »Anleitermethode« oder »Anleiterform« dafür verwendet.

Anleiterart ist jetzt der korrekte Fachbegriff, der im Konsens durch die Arbeitsgemeinschaft der Leiter der Berufsfeuerwehren (AGBF Bund) und die Projektgruppe Feuerwehr-Dienstvorschriften und in der DIN 14011 genormt und festgeschrieben wurde.

Merke:

Die Anleiterart ist die Art und Weise, wie der Leitersatz der Drehleiter bzw. der Hubarm der Hubarbeitsbühne mit dem Korb zur Anleiterstelle positioniert wird, wobei drei Anleiterarten unterschieden werden: Frontal, Horizontal-Flucht, Vertikal-Flucht.

Der Bezugspunkt für alle drei Anleiterarten ist immer die Drehkranzmitte (DKM). Um die Drehkranzmitte des Hubrettungsfahrzeugs korrekt zu positionieren, sind einige Techniken erforderlich, die alle Einsatzkräfte sehr einfach erlernen können (siehe auch Kapitel 7.13). Um das Einsatzziel zu erreichen, muss die Besatzung als erstes festlegen, wie sie den Hubrettungssatz und den Korb optimal in Stellung bringt. Dies wird im Einsatzschema für Hubrettungsfahrzeuge mit dem gelben Zahnrad »Festlegen der Anleiterart« genannt.

7.9 Anleiterart Frontal

Der Begriff Anleiterart »Frontal« beschreibt die beste Möglichkeit, die Korbfront am Anleiterziel zu positionieren. Hierbei schließt die Front des Korbes bündig mit einem Fenstersims oder Balkongeländer ab. Jetzt kann eine Menschenrettung optimal durchgeführt werden, da die gesamte Breite des Korbes für ein sicheres Einsteigen zur Verfügung steht. Das Anleitern wird bei der Anleiterart »Frontal« nicht durch Hindernisse für den Korb oder den Hubrettungssatz beeinträchtigt.

Folgender standardisierter Vorgang zur Festlegung der Standfläche und Positionierung der Drehkranzmitte zum frontalen Anleitern hat sich bewährt:

- Der Einheitsführer visiert das Anleiterziel an. Die Sichtlinie bildet dabei am Anleiterziel möglichst einen 90-Grad-Winkel.

- Der Einheitsführer schreitet die Distanz vom Anleiterziel zur gedachten Standfläche hin ab. Der Punkt für die Positionierung der Drehkranzmitte sollte dann möglichst innerhalb der Freistandsgrenzen des Hubrettungsfahrzeugs liegen, die die maximale Zuladung in den Korb gewährleistet.
- Der Drehleiterpunkt markiert die korrekte Position der Drehkranzmitte.
- Das Hubrettungsfahrzeug wird mithilfe der Handzeichen zum Einweisen unter Berücksichtigung der HAUS-Regel (siehe Kapitel 7.14) sicher eingewiesen.

Bild 83: ***Anleiterart »Frontal« (Bild: J. O. Unger)***

Auch wenn mit dem Korb im spitzen Winkel angeleitert und dabei kein Hindernis überwunden werden muss, heißt es Anleiterart »Frontal«. Die Standfläche des Hubrettungsfahrzeugs und die Position der Drehkranzmitte sollten aber so festgelegt werden, dass die Korbfront möglichst ihrer gesamten Breite genutzt werden kann und parallel zu einem Fenstersims angefahren werden kann. Wird im spitzen Winkel angeleitert, können sich Schwierigkeiten beim Übersteigen ergeben und die Gefahr

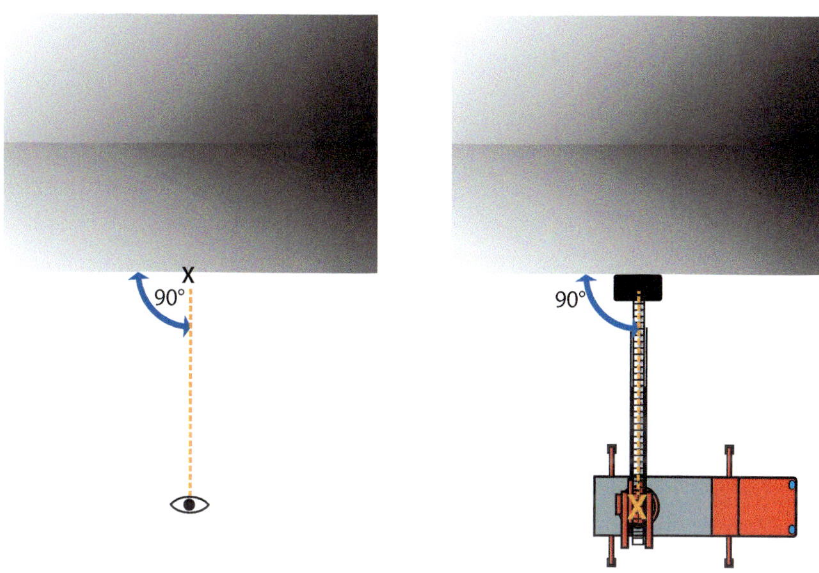

Bild 84: ***Anleiterart »Frontal«: Ausgehend vom Zielpunkt bestimmt der Fahrzeugführer einen 90-Grad-Winkel. Dann wird die Position der Drehkranzmitte markiert und das Fahrzeug entsprechend eingewiesen.***

eines Absturzes erhöht sich – trotz der seitlich auf den Ecken des Korbes angeordnete Einstiege.

Die Anleiterart »Frontal« wird bei den Feuerwehren am häufigsten angewandt.

7.10 Anleiterart Horizontal-Flucht

Die Anleiterart »Horizontal-Flucht« wird immer dann gewählt, wenn der Korb zu einem Anleiterziel gesteuert wird und der Ausleger dabei über ein Hindernis hinweg bewegt werden muss. Ein Hindernis kann beispielsweise der Vorbau oder die Garage eines Wohngebäudes sein.

Um gerade bei einer Menschenrettung die dichtest mögliche Annäherung an das Anleiterziel zu erreichen – denn: je geringer die Ausladung, desto größer die Zuladung –, müssen die konstruktiven Eigenschaften des Hubrettungsfahrzeugs korrigiert werden.

In unserem Beispiel soll der Balkon des Gebäudes angeleitert werden, um die vom Feuer bedrohte Person zu retten. Das Hindernis ist hierbei ein Gebäudevorbau.

Bild 85: ***Anleiterart »Horizontal-Flucht«: Die Dachkante des Gebäudekomplexes ist das horizontale Hindernis, der (links) zurückgesetzte Silo-Turm der Anleiter-Zielpunkt. (Bild: M. Köppelmann)***

Der standardisierte Vorgang zur Festlegung der Standfläche und Position der Drehkranzmitte zum Anleitern über eine Horizontal-Flucht:

- Der Einheitsführer visiert das Anleiterziel – den ersten Horizont, hier ein Balkongitter – an und bringt die Oberkante des Vorbaus (den zweiten Horizont) mit dem ersten Horizont in eine visuelle Flucht. Die »Horizontal-Flucht« bildet dann eine visuelle Messlinie, auf die der Leitersatz später aufgelegt wird.
- Der Einheitsführer schreitet zwei Meter auf das Objekt ab und markiert die Position der Drehkranzmitte mithilfe des Drehleiter-Punktes. Achtung: Steht der Einweiser nun an dem richtig markierten Punkt, kann er die »Horizontal-Flucht« und das Anleiterziel nicht mehr sehen! Gerade ungeübte Besatzungen verunsichert dies häufig. Hier ist Vertrauen in das System gefragt, es passt!
- Mithilfe der Handzeichen zum Einweisen und unter Berücksichtigung der HAUS-Regel wird das Hubrettungsfahrzeug nun sicher eingewiesen.

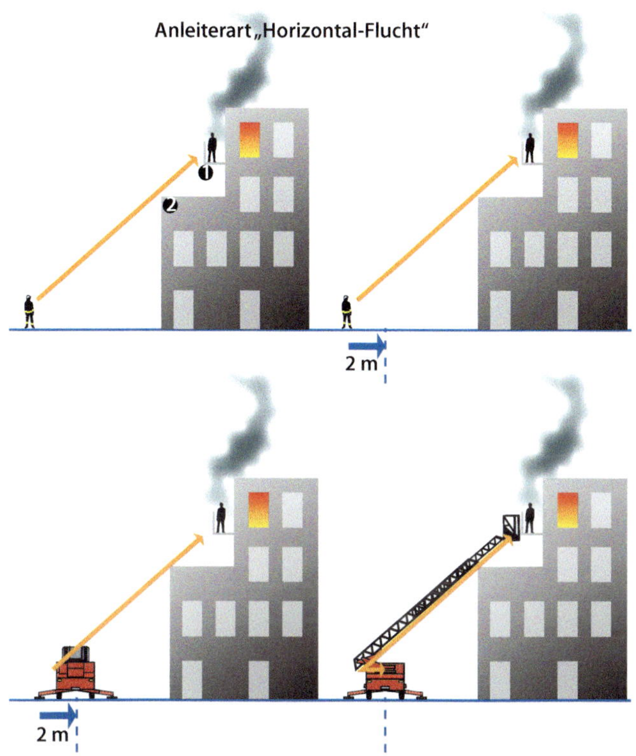

Bild 86: *Anleiterart »Horizontal-Flucht«: Anfangs- und Zielpunkt über horizontale Hindernisse fluchten, danach 2 m vom Anfangspunkt zum Objekt hin abschreiten. Anschließend die Position der Drehkranzmitte markieren und das Fahrzeug einweisen. Der Ausleger kann über das Hindernis schwenken.*

- Der Korb wird zum Anleiterziel gesteuert. Der Leitersatz kann nun das Hindernis, den zweiten Horizont, überwinden – in diesem Fall die Oberkante des Vorbaus. Er liegt nun auf der visuellen Messlinie.

Die Anleiterart »Horizontal-Flucht« wird auch verwendet, um den Ausleger bündig auf die Fläche eines Schrägdaches zu positionieren. Hat der Maschinist des Hubrettungsfahrzeugs den Ausleger in die Endposition gesteuert, wird ein Sprossengleichstand hergestellt und der Motor ausgeschaltet. Jetzt können Einsatzkräfte den Leitersatz besteigen, um im Rahmen der Brandbekämpfung die Dachfläche für eine Riegelstellung aufzunehmen. Eine Brandbekämpfung mit handgeführten Strahlrohren oder Löschnägeln kann so direkt vom Leitersatz aus erfolgen.

7.11 Anleiterart Vertikal-Flucht

Die Anleiterart »Vertikal-Flucht« wird immer dann gewählt, wenn der Korb zu einem Anleiterziel gesteuert wird und der Hubrettungssatz dabei an einem Hindernis entlang bewegt werden muss. Dies ist der Fall, wenn die Anleiterart »Frontal« ausfällt, weil keine geeignete Standfläche, im rechten Winkel vom Anleiterziel aus gesehen, vorhanden ist. Dann muss der Leitersatz entlang der Gebäudeseite zum Ziel gesteuert werden. Das Hindernis ist in dem Fall die Gebäudeecke.

Bild 87: ***Mit der Anleiterart »Vertikal-Flucht« kann man viele Fenster an einer Gebäudefront erreichen. Dabei bleibt eine Seite des Rettungskorbes immer bündig mit dem Anleiterziel. (Bild: J. O. Unger)***

Der standardisierte Vorgang zur Festlegung der Standfläche und der Position der Drehkranzmitte zum Anleitern über eine »Horizontal-Flucht«:

- Der Einheitsführer visiert das Anleiterziel – die erste Vertikale – an und bringt die Gebäudeecke – die zweite Vertikale – mit der ersten Vertikalen in eine visuelle Flucht. Die Vertikal-Flucht bildet dann eine visuelle Messlinie, an der der Ausleger später angelegt wird.

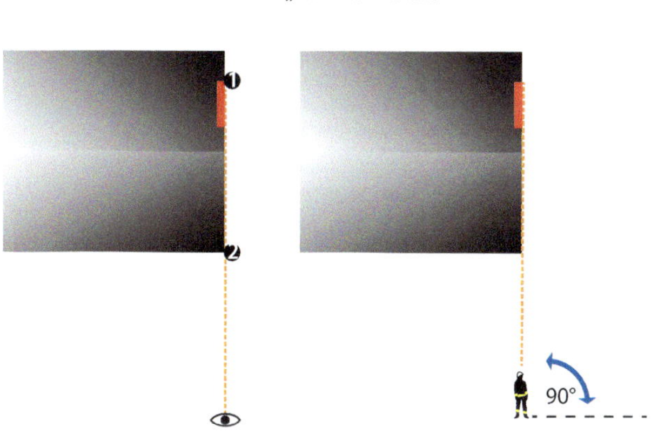

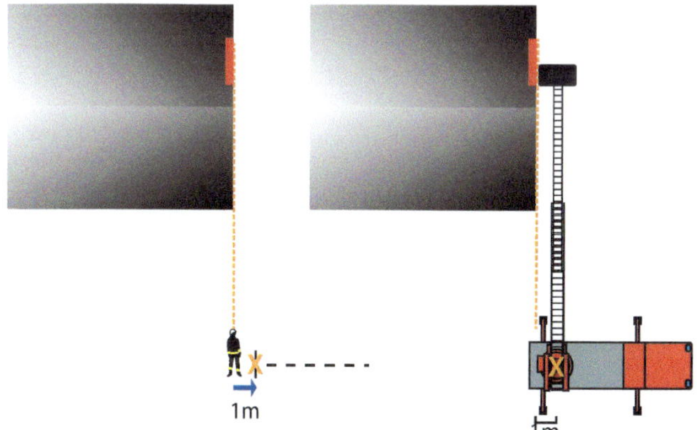

Bild 88: ***Anleiterart »Vertikal-Flucht«: Anfangs- und Zielpunkt links oder rechts eines vertikalen Hindernisses fluchten. Der Fahrzeugführer dreht sich nun um 90 Grad vom Objekt weg. Vom Anfangspunkt muss man beim Einsatz der Drehleiter 1 m vom Objekt weg abschreiten. Anschließend wird die Position der Drehkranzmitte markiert und Fahrzeug eingewiesen.***

- Wenn möglich, schreitet der Einheitsführer entlang der Vertikal-Flucht den Abstand vom Anleiterziel bis hin zur gedachten Standfläche ab.
- Der Punkt für die Positionierung der Drehkranzmitte sollte dann möglichst innerhalb der Freistandsgrenze des Hubrettungsfahrzeugs liegen, die die maximale Zuladung in den Korb gewährleistet.
- Der Einheitsführer dreht sich im rechten Winkel von der visuellen Messlinie und somit vom Objekt weg und schreitet einen Meter ab. Hiermit werden die konstruktiven Eigenschaften des Hubrettungsfahrzeugs korrigiert und die optimale Annäherung an das Anleiterziel erreicht.

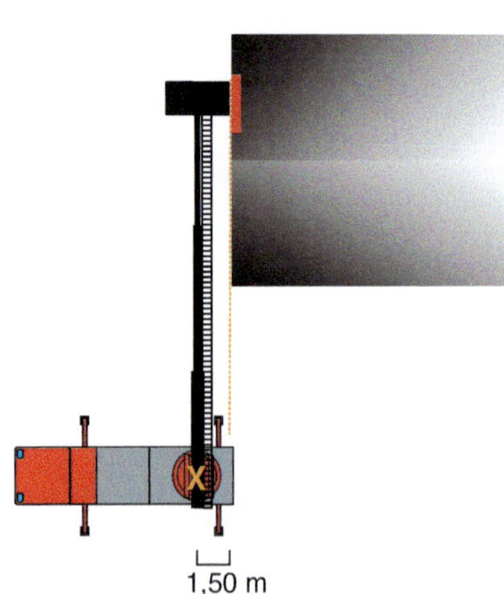

Bild 89: ***Beim Einsatz einer Hubarbeitsbühne muss man vom Anfangspunkt 1,50 m vom Objekt weg abschreiten.***

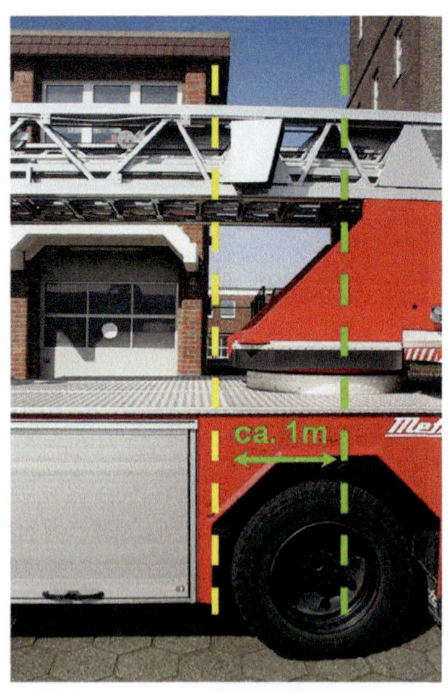

Bild 90: ***Der Abstand zw. Drehkranzmitte und d. Korb-Seitenkante beträgt etwas mehr als 1 m, sodass der Anfangspunkt um 1 m korrigiert werden muss. (Bild: T. Weege)***

- Der Korb wird zum Anleiterziel gesteuert. Der Ausleger liegt nun an der visuellen Messlinie. Vertikale Hindernisse können Gebäudeecken, Laternenmaste, Lkw-Aufbauten oder auch Tordurchfahrten sein.

Bei Hubarbeitsbühnen ist die Vorgehensweise für das Anleitern entlang einer »Vertikal-Flucht« gleich. Der Einheitsführer muss hierbei beachten, dass an der rechten Seite des Auslegers oftmals eine Rettungsleiter angebaut ist. Diese muss beim Anlegen an die visuelle Messlinie beachtet werden. Daher muss der Einheitsführer, nachdem er sich im rechten Winkel vom Objekt weggedreht hat, in diesem Fall 1,50 Meter abschreiten.

Ist die Anleiterart festgelegt worden, ist der zweite Schritt im »Einsatzschema für Hubrettungsfahrzeuge« abgearbeitet. Das gelbe greift jetzt in das rote Zahnrad.

7.12 Einsatz unterflur

Das Arbeiten mit dem Leitersatz unterflur ist keine eigene Anleiterart, kann jedoch mit den Anleiterarten »Frontal« und »Vertikal-Flucht« kombiniert werden. In diesem Fall wird nicht »nach oben«, sondern mit dem Leitersatz und dem Korb unterhalb der eigentlichen Standfläche des Hubrettungsfahrzeugs gearbeitet – also unterflur – angeleitert.

Ist beispielsweise ein verunglückter Pkw eine Böschung hinabgestürzt, so besteht die Möglichkeit einen sicheren Zugang zum Pkw über den Ausleger des Hubrettungsfahrzeugs herzustellen. Ein weiterer Vorteil besteht darin, dass mithilfe des Rettungskorbes Gerätschaften sicher zur Einsatzstelle transportiert werden können. Zudem müssen keine zusätzlichen Leitungen für den Betrieb elektrischer Aggregate ausgelegt werden, da bei modernen Hubrettungsfahrzeugen elektrische Leitungen zur Stromversorgung des Korbes im Hubrettungssatz installiert sind.

Beim Unterflurbetrieb kann der Leitersatz einer Drehleiter mit einem negativen Aufrichtwinkel von 0 Grad bis zu -17 Grad betrieben. Hierbei muss beachtet werden, dass der Abstand der Drehkranzmitte zur Böschungskante so gewählt wird, dass ein optimales Benutzungsfeld für den Leitersatz beziehungsweise den Ausleger entsteht. Die Drehkranzmitte sollte dabei mit einem Abstand von sechs Metern neben der Böschungskante positioniert werden. Beträgt der Abstand mehr als zehn Meter kann der volle negative Aufrichtwinkel nicht genutzt werden.

Achtung an unverbauten Böschungen und Baugruben: siehe hierzu auch den Abschnitt »Untergrund« im Kapitel HAUS-Regel (7.14.3).

Bei Drehleitern der Firma Metz/Rosenbauer können unter den Stützen auf der lastabgewandten Seite zudem Unterlegklötze positioniert werden, um den negativen Aufrichtwinkel noch weiter zu vergrößern. Je Unterlegklotz werden etwa 3,5 Grad erreicht.

Bei Magirus-Drehleitern ist ein aktives zusätzliches Schrägstellen, bedingt durch das Abstützsystem (variable X-Abstützung), nicht möglich. Allerdings kann unter den Hinterrädern der lastabgewandten Seite eine Auffahrbohle gelegt werden. Dies vergrößert den negativen Aufrichtwinkel.

Bild 91: ***Mithilfe der Abstützung und Unterlegklötzen kann bei Metz-Drehleitern der negative Aufrichtwinkel vergrößert werden. (Bild: M. Köppelmann)***

Achtung:

Für Metz-/Rosenbauer-Drehleitern gilt bei geneigten Standflächen im Unterflurbetrieb:

Auf einer bis zu 3 Grad geneigten Standfläche können bis zu zwei Unterlegklötze unter die Abstütz-Zylinder auf der »Bergseite« gelegt werden. Auf einer mehr als 3 Grad bis zu 7 Grad geneigten Standfläche darf ein Unterlegklotz unter den Stützen auf der »Bergseite« verwendet werden. Auf einer mehr als 7 Grad geneigten Standfläche ist kein Unterflurbetrieb mehr in Neigungsrichtung (»Talseite«) zulässig. Werden zwei Unterlegklötze übereinander verwendet, müssen sie um 90 Grad gegeneinander gedreht werden.

Bei Hubarbeitsbühnen ist eine Vergrößerung des negativen Aufrichtwinkels nicht möglich und aufgrund des abwinkelbaren Korbarms in den meisten Fällen auch nicht nötig. Den Vorteil eines größeren Benutzungsfeldes unterflur können auch Drehleitern mit abwinkelbarem Leiterelement nutzen.

7.13 Die goldene Mitte

Um das Hubrettungsfahrzeug richtig einweisen zu können, wird ein Bezugspunkt am Fahrzeug benötigt. Als Bezugspunkt hat sich hier die Drehkranzmitte des Hubrettungssatzes als optimal erwiesen. Denn die Drehkranzmitte ist der zentrale Drehpunkt des Leitersatzes beziehungsweise des Auslegers. Alle Abstände zum Anleiterziel und zu Hindernissen können hierzu sicher bestimmt werden.

Zudem ist es grundsätzlich unerheblich, wie das Fahrzeug unterhalb des Hubrettungssatzes steht, da der Hubrettungssatz zentral in dem Drehkranz dreht. Dieses Wissen kann sich die das Hubrettungsfahrzeug einweisende Einsatzkraft zunutze machen. Theoretisch kann die Position der Drehkranzmitte in unendlich vielen Möglichkeiten innerhalb der 360 Grad angefahren werden.

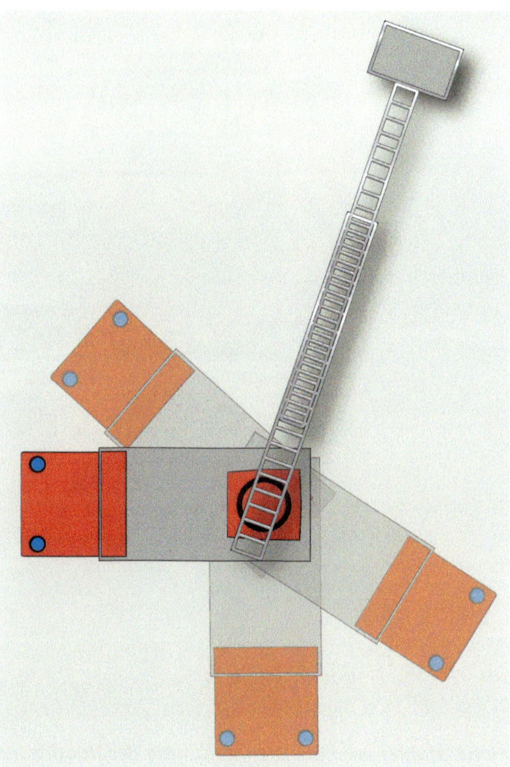

Bild 92: ***Grundsätzlich ist es unerheblich, wie das Fahrzeug unter dem Hubrettungssatz steht.***

Der Einweiser kann das Fahrzeug mit der Drehkranzmitte also so auf den Punkt bringen:

- dass Hindernisse keine mehr sind,
- dass alle wichtigen Abstände eingehalten werden,
- dass alle Stützen auf festem Untergrund stehen und
- dass ein sicherer Einsatz gewährleistet ist.

Hierbei ist es unerheblich, welche der drei Anleiterarten – Frontal, Horizontal-Flucht oder Vertikal-Flucht – gewählt wurde oder ob ein Arbeiten unterfahr durchgeführt werden muss.

Bild 93: ***Durch den Einheitsführer wird die Drehkranzmitte des Hubrettungsfahrzeugs mithilfe der Handzeichen zum Einweisen präzise über dem Drehleiter-Punkt positioniert. Ein gutes Zusammenspiel der Besatzung ist hierbei sinnvoll.***

Der Einheitsführer weist das Hubrettungsfahrzeug mithilfe der Handzeichen zum Einweisen gemäß UVV Fahrzeuge so ein, dass das Heck des Fahrzeugs etwa einen Meter vom Drehleiter-Punkt entfernt ist. Die Verlängerung der Mittelachse des Fahrzeugs trifft dabei den Punkt. Jetzt stellt sich der Einheitsführer im rechten Winkel zur Mittelachse des Hubrettungsfahrzeugs auf die Höhe des Drehleiter-Punktes und lässt den Maschinisten das Fahrzeug soweit zurückfahren, bis die Drehkranzmitte direkt über der Markierung steht. Anschließend wird das Fahrzeug mit dem Halt-Zeichen gestoppt. Der eigentliche Einsatz kann beginnen.

Die Handzeichen zum Einweisen finden Sie im Anhang dieses Fachbuches. Die DREHLEITER.info-Fachinformation »Einweisen von Hubrettungsfahrzeugen« steht Ihnen im Internet zum Herunterladen unter www.drehleiter.info/downloads, Stand Juni 2021, zur Verfügung.

7.14 HAUS-Regel

Das dritte, grüne Zahnrad im »Einsatzschema für Hubrettungsfahrzeuge« fasst die speziellen Einsatzgrundsätze für Hubrettungsfahrzeuge in der so genannten HAUS-Regel zusammen. Sie fasst alle wichtigen Handlungen zur schnellen und richtigen Positionierung des Hubrettungsfahrzeugs als logische Abfolge zusammen. Sie trägt dazu bei, die Stressbelastung der Besatzung im Einsatz zu reduzieren. Die HAUS-Regel gilt für alle Hubrettungsfahrzeuge von Feuerwehren, wobei Hersteller und Baujahr unbedeutend sind. Feuerwehren, die ein System mit Standard-Einsatz-Regeln (SER) verwenden, können die HAUS-Regel dort problemlos integrieren.

Die Abkürzung «HAUS« kann jeder Maschinist für Hubrettungsfahrzeuge gedanklich leicht mit einem Einsatz von Hubrettungsfahrzeugen an Gebäuden verbinden. Diese Abkürzung steht für:

Hindernisse,
Abstände,
Untergrund,
Sicherheit.

7.14.1 Hindernisse

Hindernisse können den Einsatz von Hubrettungsfahrzeugen einschränken oder gar komplett verhindern. Sie müssen zu Beginn des Einsatzes erkannt, beurteilt und in der weiteren Planung berücksichtigt werden. Denn das Festlegen der Standfläche für das

Hubrettungsfahrzeug wird durch Hindernisse maßgeblich beeinflusst. Viele Hindernisse können bereits während der Anfahrt bzw. beim Eintreffen an der Einsatzstelle ausgemacht werden.

Hindernisse wie zum Beispiel

- Vegetation,
- Brücken und Überführungen,
- Ampel- und Laternenmasten,
- Mauern, Zäune und Verkehrspoller

können den Anleiterweg so versperren, dass die Ausladung des Hubrettungssatzes nicht ausreicht, um das Anleiterziel zu erreichen.

- Parkende Fahrzeuge,
- versperrte Feuerwehrzufahrten und
- Einsatzfahrzeuge

können die Zufahrt zur Einsatzstelle blockieren, sodass ein Einsatz unmöglich wird. Insbesondere bei der Aufstellung von Einsatzfahrzeugen muss der Einsatzleiter darauf achten, dass ein ungehinderter Einsatz für ein Hubrettungsfahrzeug möglich bleibt. Weiterhin sollte er darauf achten, dass Hubrettungsfahrzeuge je nach Lage vor anderen Einsatzfahrzeugen in eine Sackgasse oder in eine enge Straße zur Einsatzstelle einfahren.

Hubarbeitsbühnen muss ausreichend Raum für eine Inbetriebnahme des Auslegers zur Verfügung stehen. Der Hubarm muss mindestens 40 Grad aufgerichtet und der Korbarm um zirka 50 Grad vom Hubarm abgewinkelt werden können. Auch das eigene Hubrettungsfahrzeug kann, falsch positioniert, ein Hindernis darstellen. Gerade beim Einsatz in geringer Rettungshöhe oder Unterflur können die Anstoßsicherungen am Fahrerhaus einen Einsatz zunichtemachen und den Ausleger blockieren. Sinnvoll ist es, bei derartigen Einsatzlagen, möglichst über das Heck anzuleitern.

Elektrische Freileitungen sind besonders gefährliche Hindernisse. Gerade bei schlechten Sichtverhältnissen können die teilweise dünnen Leitungen leicht übersehen werden. Die Sicherheitsabstände nach DIN VDE 0132 gelten für den Rettungskorb, den Ausleger und für die darin befindlichen Personen. Elektrische Leitungen die sich im Bewegungsbereich des Auslegers befinden, müssen abgeschaltet und geerdet werden. Ist dies nicht möglich, muss ein anderer Standort für das Hubrettungsfahrzeug bestimmt werden.

Bild 94: ***Ein Polizeifahrzeug steht auf der Standfläche, auf der die Drehleiter eigentlich optimal stehen würde. (Bild: F. Hüppen)***

Merke:

Hindernisse – Hochschauen!

7.14.2 Abstände

Damit die Standfläche für ein Hubrettungsfahrzeug optimal bestimmt werden kann, müssen verschiedene Abstände zum Einsatz-Objekt und zu vorhandenen Hindernissen eingehalten werden. Diese Abstände werden auch durch die Bauform des Hubrettungsfahrzeugs vorgegeben.

Es kann ein Regel-Abstandsplan zugrunde gelegt, der sowohl für die meisten Drehleitern der Leiterklasse 30 Meter, als auch für die entsprechend gleich großen Pendants der Hubarbeitsbühnen gilt. Bei Drehleitern der französischen Marken Camiva und Gimaex-Riffaud müssen zum Teil andere Werte zugrunde gelegt werden. Diese Maße entnimmt man der Bedienungsanleitung. Dies gilt ebenfalls für Drehleitern der Leiterklassen 24 Meter und 18 Meter.

Im Einsatz müssen die Maße aus dem Abstandsplan dann durch Abschreiten ermittelt und umgesetzt werden können. Hierzu muss die Fahrzeugbesatzung in der Lage sein, mit dem persönlichen Schrittmaß das Längenmaß »ein Meter« abschreiten zu können. Ein Schätzen von Abständen kann zu erheblichen Fehlern führen.

»Das beste Mittel gegen Sinnestäuschungen ist das Messen, Zählen und Wiegen.«
Plato (427 bis 348 v. Chr.) griechischer Philosoph

Der Regel-Abstandsplan sieht wie folgt aus: 1,50 Meter Abstand ist für die volle Breite der Abstützsysteme erforderlich. Dieses Maß wird von der Fahrzeugkante gemessen. Der genaue Wert variiert bei Drehleitern je nach Hersteller und Baustufe von 1,10 Metern bis zu 1,40 Metern.

Die volle Abstützbreite bei 30-Meter-Hubarbeitsbühnen wird erst ab 1,50 Metern erreicht. Empfehlenswert ist ein Abstand von zwei Metern, damit die Einsatzkräfte gefahrlos das abgestützte Fahrzeug auch an Engstellen passieren können.

Bild 95: ***Bei Drehleitern sollen 1,50 m Abstand für die volle Abstützung ab Fahrzeugkante von einem Hindernis eingehalten werden, …***

Bild 96: *... bei Hubarbeitsbühnen 2 m. (Bilder: M. Köppelmann/S. Kohlrusch)*

Grundsätzlich wird ein Hubrettungsfahrzeug auf beiden Seiten maximal abgestützt. Ist die Standfläche zu schmal, um die Abstützung beidseitig komplett auszufahren, sollte das Hubrettungsfahrzeug so positioniert werden, dass die Stützen auf der belasteten Seite möglichst weit ausgefahren werden können. Ziel ist es, immer das größtmögliche Benutzungsfeld auf der Seite zu erreichen, auf der gearbeitet wird.

Bei Drehleitern entsteht durch das Drehen des Hubrettungssatzes bauartbedingt ein hinterer Überstand von bis zu 1,60 Metern. Daher muss ein Sicherheitsabstand von etwa zwei Metern zu Hindernissen auf der unbelasteten Seite der Drehleiter eingehalten werden. Dieser wird ebenfalls von der Fahrzeugkante aus gemessen.

Da der Hubrettungssatz bei vielen Drehleitermodellen auch deutlich über die komplett ausgefahrene Abstützung hinaus dreht, sollte man den Sicherheitsabstand zusätzlich überprüfen.

Die von Leonardo da Vinci in seiner Skizze »Der vitruvianische Mensch« dargestellten Proportionen können hierbei sehr nützlich sein: Jede Einsatzkraft, welche die eigene Körpergröße kennt, weiß somit den Abstand zwischen den Fingerspitzen der seitlich ausgestreckten Arme. Ein 1,80 Meter großer Feuerwehrangehöriger hat demnach eine Spannweite von mindestens 1,80 Metern. Stellt man sich nun auf der unbelasteten Seite zwischen Drehleiter und das Hindernis und gibt je nach Körpermaß noch einige Zentimeter hinzu, ist der Sicherheitsabstand ausreichend, um den drehenden Hubrettungssatz nicht zu beschädigen.

Bei Hubarbeitsbühnen entsteht kein hinterer Überstand, da die Lafette innerhalb der Fahrzeugkonturen dreht.

Um die volle Rettungshöhe von 30 Metern bei einer Drehleiter DLAK 23/12 zu nutzen, muss die Drehkranzmitte bei der Anleiterart »Frontal« in einem Abstand von

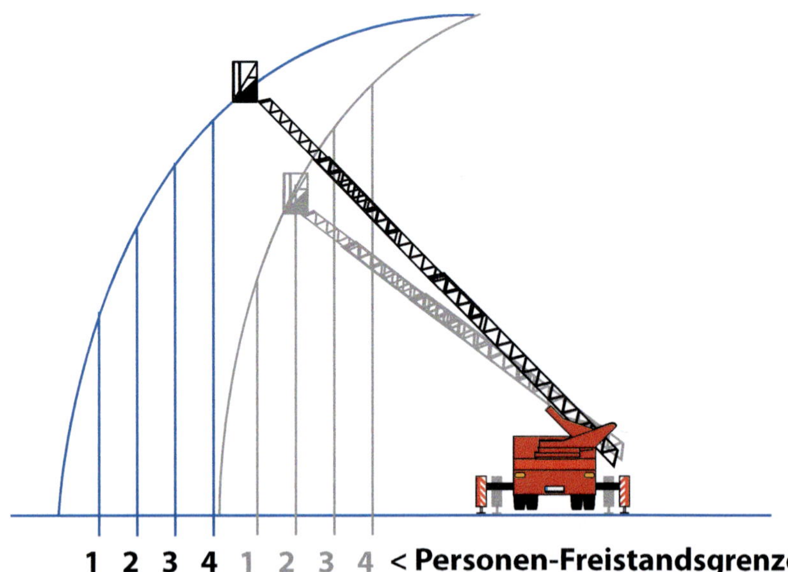

Bild 97: ***Je weiter die Abstützung ausgefahren wird, desto größer ist das Benutzungsfeld, desto weiter reicht der Ausleger (Ausladungsdiagramm mit blauen Linien). Bei kleiner Abstützung erreicht man nur eine geringe Ausladung und ein kleines Benutzungsfeld (Ausladungsdiagramm mit grauer Linie).***

sieben Metern vom Objekt positioniert werden. Unterschreitet man diesen Abstand deutlich unter sieben Meter, kann das Anleiterziel nicht erreicht werden, da die Sicherheitseinrichtungen der Drehleiter nur ein Aufrichten bis maximal 75 Grad zulassen.

Bleibt man dagegen deutlich mehr als sieben Meter mit der Drehkranzmitte vom Objekt entfernt, reicht die Leiterlänge nicht mehr aus, um das Ziel zu erreichen. Für Hubarbeitsbühnen gilt ein Wert von fünf Metern.

Soll mit dem Hubrettungsfahrzeug in einer geringen Rettungshöhe angeleitert werden, um beispielsweise aus dem ersten Obergeschoss eine Menschenrettung mithilfe der Krankentragenlagerung durchzuführen, muss der Abstand zum Anleiterobjekt groß genug gewählt werden. Um mit dem Ausleger mit montiertem Korb an einem Hindernis gefahrlos vorbei drehen zu können, muss die Drehkranzmitte neun Meter von diesem entfernt positioniert werden. Dies ist die Länge des Auslegers von der Drehkranzmitte bis zur Korbvorderkante. Dieser Wert gilt für alle Drehleitern der 30-Meter-Klasse und wird im Einsatz beginnend vom Objekt aus zu der Position der Drehkranzmitte hin abgeschritten.

Bild 98: *Der Einheitsführer kann mit seinen Armen schnell einen ausreichenden 2-m-Abstand von Hindernissen ermitteln.*

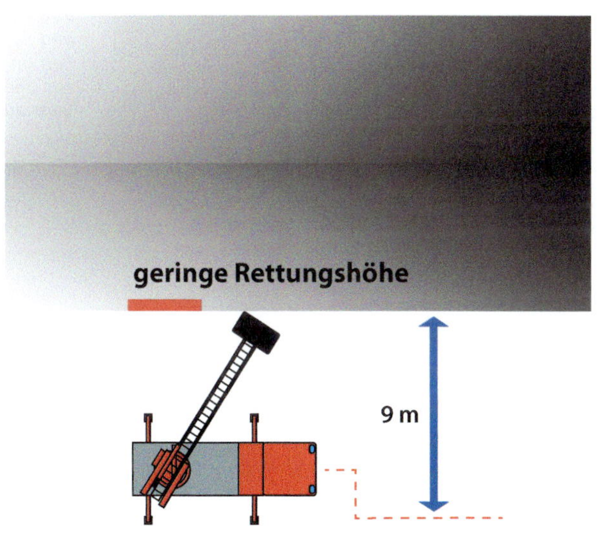

Bild 99: *Positioniert man die Drehkranzmitte in einem geringeren Abstand als 9 m vom Objekt, können geringe Rettungshöhen ggf. nicht erreichbar sein.*

Bild 100: ***Um in geringer Rettungshöhe anzuleitern oder durch Tore hindurch zu leitern, muss die DKM in einem Mindest-Abstand von 9 m positioniert werden. Wird der Abstand zu gering gewählt, kann der Auslager am Hindernis nicht vorbei gedreht werden. (Bild: J. O. Unger)***

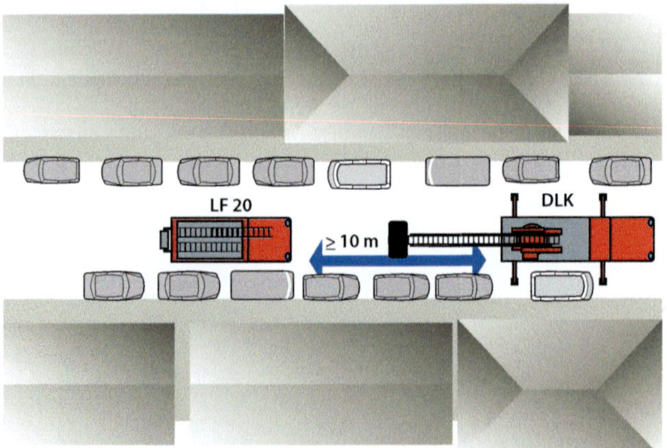

Bild 101: ***Hinter einem Hubrettungsfahrzeug ist grundsätzlich ein Freiraum von 10 m einzuhalten. So kann der Leitersatz auch in engen Straßen abgelegt und Personen können ungehindert aus dem Rettungskorb aussteigen.***

Für ein Anleitern in geringer Rettungshöhe, sowie für ein Durchleitern von Toren muss also ein Mindestabstand von neun Metern eingehalten werden.

Damit sich der Ausleger mit Rettungskorb gerade in engen Straßen ungehindert ablegen lässt, muss grundsätzlich ein Freiraum von zehn Metern hinter dem Hubrettungsfahrzeug eingehalten werden. Hier dürfen keine nachrückenden Einsatzfahrzeuge aufgestellt werden, damit gerettete Personen den Rettungskorb ungehindert und ohne Kletterei über das Fahrzeug verlassen können.

Abstände für eine Drehleiter der 30-Meter-Klasse

- 1,50 m Abstand von der Fahrzeugkante für die volle Abstützbreite,
- 2 m Abstand von der Fahrzeugkante für den drehenden Hubrettungssatz auf der unbelasteten Seite,
- 7 m Abstand vom Objekt zur Position der Drehkranzmitte abschreiten für die maximale Rettungshöhe,
- 9 m Abstand vom Objekt/Hindernis zur Position der Drehkranzmitte abschreiten für die geringe Rettungshöhe,
- 10 m Freiraum hinter dem Hubrettungsfahrzeug sind grundsätzlich freizuhalten.

Abstände für eine Hubarbeitsbühne HAB 23/12

- 2 m Abstand von der Fahrzeugkante für die volle Abstützbreite,
- 5 m Abstand vom Objekt zur Position der Drehkranzmitte abschreiten für die maximale Rettungshöhe,
- 6 m Abstand vom Objekt zur Positionierung der Drehkranzmitte für ein Anleitern in geringer Rettungshöhe,
- 9 – 14 m Abstand vom Objekt/Hindernis zur Position der Drehkranzmitte abschreiten für das Durchleitern von Toreinfahrten,
- 10 m Freiraum hinter dem Hubrettungsfahrzeug sind grundsätzlich freizuhalten.

Merke:

Abstände: abmessen = abschreiten!

7.14.3 Untergrund

Der Untergrund ist die Basis für die Standsicherheit des Hubrettungsfahrzeugs. Eine Standfläche für ein Hubrettungsfahrzeug muss ausreichend befestigt und tragfähig sein. Öffentliche Verkehrsflächen, die für den normalen Kraftfahrzeugverkehr freigegeben sind, sind in der Regel für die Abstützung eines Hubrettungsfahrzeugs ausreichend befestigt. Aufstell- und Bewegungsflächen für die Feuerwehr, die über entsprechend gekennzeichnete Feuerwehrzufahrten erreicht werden können, weisen eine Tragfähigkeit von einer zulässigen Gesamtmasse bis 16 Tonnen bei einer maximalen Achslast von zehn Tonnen auf.

Achtung:

Hubarbeitsbühnen, die der 30-Meter-Klasse zwar entsprechen, aber eine zulässige Gesamtmasse von >16 Tonnen aufweisen, können auf ausgewiesenen Flächen für die Feuerwehr nicht eingesetzt werden.

Soll das Hubrettungsfahrzeug dagegen auf einer anderen Fläche abgestützt werden, ist der Untergrund sorgfältig zu überprüfen. Denn: Kommt es zu einem Tragfähigkeitsverlust des Untergrundes, kann das Hubrettungsfahrzeug umstürzen (siehe auch Kapitel 7.14.4).

Grundsätzlich besteht Kippgefahr, wenn ein Hubrettungsfahrzeug auf weichem und nachgiebigem oder durch Feuchtigkeit aufgeweichtem Untergrund abgestützt wird. Darauf muss auch bei einer Brandbekämpfung geachtet werden, insbesondere wenn große Mengen Löschwasser eingesetzt werden. Besteht die Gefahr, dass die Standsicherheit durch eine aufgeweichte Standfläche gefährdet werden könnte, muss der Standort des Hubrettungsfahrzeugs rechtzeitig gewechselt werden.

Laut Norm darf die maximal zulässige Abstützkraft bei Hubrettungsfahrzeugen 80 N/cm² betragen. Zur Vergrößerung der Auflagefläche unter den Stütztellern können die zur Ausstattung des Fahrzeugs gehörenden Unterlegklötze verwendet werden. Damit wird die Abstützkraft, die auf den Untergrund einwirkt, deutlich reduziert.

Tabelle 8: ***Vergrößerung der Abstützfläche und Verringerung des Bodendrucks bei Verwendung von Unterlegklötzen***

Hersteller	Fahrzeugtyp	Vergrößerung der Fläche unter den Stütztellern	Bodenpressung mit Unterlegklötzen
Rosenbauer	DLAK 23/12 (L32)	63 %	37 N/cm²
Magirus	DLAK 23/12 CS	55 %	51 N/cm²
Magirus	DLK 23-12 CC	40 %	57 N/cm²

Quelle: Herstellerangaben

Werden größere Unterlegklötze verwendet, als die originär vom Hersteller mitgelieferten, sollten diese zuvor vom Hersteller des Hubrettungsfahrzeugs zur Verwendung freigegeben werden.

Bei Hubarbeitsbühnen sollen die Unterlegplatten grundsätzlich unter den Stütztellern verwendet werden.

Auffahrbohlen sind für die Vergrößerung der Auflagefläche unter den Stütztellern von den Herstellern der Hubrettungsfahrzeuge nicht vorgesehen, da diese im Gegensatz zu den Unterlegklötzen nicht elektrisch leitfähig sind. Von einer Verwendung sollte daher grundsätzlich abgesehen werden.

Stellungnahmen der Hersteller von Hubrettungsfahrzeugen zur Verwendung von Auffahrbohlen:

Auffahrbohlen gem. DIN 14854 sind nicht zur Verwendung als Unterleghölzer zur Auflagevergrößerung unter den Stütztellern bei Hubrettungsfahrzeugen geeignet.

Begründung: Die Belastbarkeit wird nach DIN 14854 nur mit 2 000 Kilogramm definiert. Je nach Abstützzustand kommt es bei unseren Drehleitern zu wesentlich höheren Belastungen am Stützteller. (Magirus, Ulm, 9. April 2010)

Die Verwendung der Auffahrbohlen nach DIN 14854 als Unterleghölzer zur Auflagevergrößerung unter den Stützen ist nicht zugelassen, da die Auffahrbohlen eine zu geringe Traglast (2 000 Kilogramm) haben und die zulässige Lastverteilung (bzw. die Prüfung) in der Norm nicht eindeutig beschrieben ist. Gemäß unserer Bedienungsanleitung dürfen des Weiteren nur elektrisch leitfähige und von uns geprüfte und freigegebene Unterlegklötze verwendet werden. (Metz Aerials, Karlsruhe, 3. März 2011)

Von Sielen, Gullydeckeln, Schachtabdeckungen und Grabenverrohrungen, beispielsweise auf Grundstückszufahrten, sollte mit den Stütztellern ein Mindestabstand von einem halben Meter eingehalten werden.

Bild 102: ***Der Abstand des Stütztellers zum Rand eines Kanaldeckels sollte 0,5 m betragen. (Bild: J. O. Unger)***

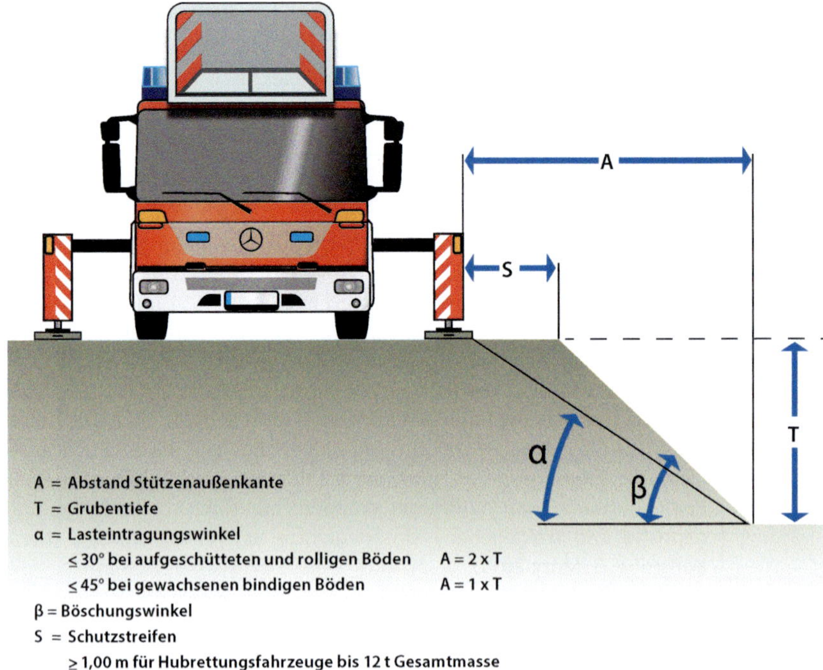

Bild 103: ***An unverbauten Gruben oder Böschungen muss der Lasteintragungswinkel beachtet werden.***

Geneigte Standflächen

Hubrettungsfahrzeuge können und dürfen auf geneigten Standflächen zum Einsatz kommen. Für Magirus- und Metz-Drehleitern sollte dabei der Untergrund in Abhängigkeit der Baustufe nicht mehr als sieben bis zehn Grad geneigt sein, da es ansonsten zu eingeschränkten Funktionen im Leiterbetrieb kommen kann. Die Geländeausgleichseinrichtung (siehe auch Kapitel 4.4) kann den Ausleger bei größeren Werten nicht mehr waagerecht einstellen. Für Gimaex-Drehleitern gelten 18° Neigung als absolute Grenze. Die Neigung kann anhand der Dosenlibelle kontrolliert werden.

Tabelle 9: ***Umrechnung der Neigung von Grad in Prozent. Die Prozentwerte sind gerundet.***

Grad	Prozent	Grad	Prozent	Grad	Prozent
1°	1,8 %	6°	10,5 %	11°	19,4 %
2°	3,5 %	7°	12,3 %	12°	21,2 %
3°	5,2 %	8°	14,0 %	13°	23,0 %
4°	7,0 %	9°	15,8 %	14°	25,0 %
5°	8,8 %	10°	17,6 %	15°	26,8 %

Merke:

Steigung und Gefälle auf öffentlichen Verkehrsflächen werden mit Prozentwerten und nicht in Grad angeben: 45° entsprechen 100 %.

Wird eine Drehleiter mit einer Längsneigung des Fahrzeugs in Betrieb genommen, so sind Unterlegkeile unter beide Räder einer Achse zu legen. Welche Achse hierfür in Betracht kommt, lässt sich der Bedienungsanleitung entnehmen. Metz-Drehleitern sollen in Fahrtrichtung bergauf in Stellung gebracht werden, da aufgrund der Waagerecht-Senkrecht-Abstützung (H-Abstützung) die Hinterachse ausgehoben wird.

Der Untergrund, darf für eine Hubarbeitsbühne nicht mehr als sieben Grad geneigt sein. Ansonsten funktioniert die Niveauregulierung nicht ausreichend, um das Fahrzeug beim Abstützvorgang in Waage zu bringen. Geneigte Standflächen werden bei Hubarbeitsbühnen mit den Abstützzylindern ausgeglichen, nicht wie bei Drehleitern im System des Hubrettungssatzes. Der maximale Ausgleich wird durch die Ausfahrlänge der Abstützzylinder begrenzt und beträgt bei einer HAB 23/12 etwa 7 Grad.

Wenn die Hubarbeitsbühne auf einer quer zur Fahrzeuglängsachse geneigten Standfläche nicht vollständig nivelliert werden kann, muss die Abstützbreite reduziert werden. So kann die Stütze, die talwärts abstützt, dichter am Fahrzeug positioniert werden und dadurch die Ausschublänge der Stütze optimal ausgenutzt werden.

In Fahrzeuglängsrichtung ist der Abstand zwischen den vorderen und den hinteren Stützen durch die Anordnung am Fahrzeug bauartbedingt vorgegeben und kann nicht verändert werden. Eine Optimierung der Nivellierung durch Abstützbreitenveränderung ist bei einem Längsneigungswinkel unmöglich.

Bild 104: *Geländeausgleich der HAB bei Querneigung: ungünstige Position der Abstützung (links) – günstige Position der Abstützung (rechts)*

Bild 105: *Hubarbeitsbühnen sollen in Fahrtrichtung bergab (nie bergauf in Fahrtrichtung!) in Stellung gebracht werden, da es ansonsten zu Beschädigungen am Fahrzeug kommen kann. (Bild: S. Kohlrusch)*

Bei Hubarbeitsbühnen müssen für den sicheren Betrieb sämtliche Achsen frei gehoben sein. Daher sollen die Hubarbeitsbühnen nach Möglichkeit in Fahrtrichtung bergab oder quer zur Neigung der Standfläche positioniert werden.

Die ungünstigste Ausgangsposition zum Nivellieren der Hubarbeitsbühne ist dann gegeben, wenn das Fahrzeug in Fahrtrichtung bergauf steht. Werden in dieser Position die hinteren Abstützzylinder ausgefahren, dreht sich das Fahrzeug um die vorderen Abstützzylinder. Da sich die Vorderachse vor diesem Drehpunkt befindet, wird die Vorderachse Richtung Boden bewegt. Die Abstützsteuerstände könnten zudem nicht mehr sicher erreicht werden.

In den Wintermonaten können Schnee- und Eisglätte einen Einsatz mit Hubrettungsfahrzeugen stark einschränken. Bevor ein Hubrettungsfahrzeug abgestützt wird, muss der Untergrund daher von Schnee und Eis befreit werden.

Bild 106: ***Im Winter muss der Untergrund für die Abstützung schnee- und eisfrei sein. (Bild: J. O. Unger)***

Die DREHLEITER.info-Fachinformation »Hubrettungsfahrzeuge im Wintereinsatz« kann unter www.drehleiter.info/downloads, Stand Juni 2021, heruntergeladen werden.

Metz Aerials bietet für seine Waagerecht-Senkrecht-Abstützungen so genannte Eisschuhe an, die unter die Stützteller geschoben werden können, um die Reibung zu erhöhen. Bei Hubarbeitsbühnen kann die so genannte »Winterseite« der Unterlegplatten genutzt werden.

Bild 107: ***Bei der hier oben liegenden »Winterseite« sorgen die herausstehenden Schrauben für einen erhöhten Reibungskoeffizienten auf vereisten Standflächen. Diese Seite muss dann unten liegen, die Stützen stehen dann auf der »Sommerseite«. (Bild: M. Rose)***

Merke:

Untergrund: (nach) unten schauen – untersuchen!

7.14.4 Sicherheit

Ein sicherer Einsatz mit Hubrettungsfahrzeugen ist gewährleistet, wenn die Unfallverhütungsvorschriften, die Bedienungsanleitung des Hubrettungsfahrzeugs mit den Betriebsanweisungen und die Feuerwehr-Dienstvorschriften eingehalten werden. Ein erfolgreicher und damit sicherer Feuerwehreinsatz besteht zudem aus vorausschauendem Handeln. Das frühzeitige Erkennen von Gefahren muss daher Bestandteil des Führungsvorganges sein. Die »Gefahren der Einsatzstelle« (AAAA-C-EEEE) liefern der Führungskraft im Rahmen der Beurteilung hierfür die notwendige Hilfe. Um das Schlagwort »Sicherheit« in der Praxis schnell abzurufen, sind in der HAUS-Regel die wesentlichen Fakten zu diesem Thema zusammengefasst.

Unfallverhütungsvorschriften für den Betrieb von Hubrettungsfahrzeugen

- Grundsätze der Prävention (DGUV Vorschrift 1)
- Feuerwehren (DGUV Vorschrift 49)
- Fahrzeuge (DGUV Vorschrift 70)

Bei Lasthebebetrieb mit dem Hubrettungsfahrzeug zusätzlich:

- Krane (DGUV Vorschrift 53)

Der Maschinist steuert und überwacht alle Bewegungen des Hubrettungsfahrzeugs vom Hauptsteuerstand aus. Er ist für den sicheren Betrieb verantwortlich. Der Hauptsteuerstand ist für die Dauer des Betriebes durch den Maschinisten permanent zu besetzen. Ein Sicherheitsassistent[6] kann dem Einsatzleiter zusätzlich als »Mobiler Gefährdungsbeurteilter« als Fachberater zur Seite stehen.

6 Wir empfehlen zur weiteren Informationen einen Besuch der folgenden Webseiten (Stand Juni 2021): www.atemschutzunfaelle.eu und ww.sicherheitsassistent.info.

Bild 108: *Ein Sicherheitsassistent kann als Fachberater des Einsatzleiters die Sicherheit im Einsatz mit Hubrettungsfahrzeugen deutlich erhöhen.*

Bild 109: *Bei einer Übung am 16.2.2005 in Maintal stürzte eine DLK 23-12 um. Zwei Einsatzkräfte wurden verletzt. (Bild: U. Lorz)*

Standsicherheit

Im Einsatz wird der Hubrettungssatz belastet, beispielsweise durch den Betrieb des Wenderohrs, den Einsatz der Krankentragenlagerung oder durch eine Menschenrettung. Der Maschinist des Hubrettungsfahrzeugs muss daher die Belastungsanzeige ständig kontrollieren, um das Erreichen der Freistands- und Benutzungsgrenze rechtzeitig zu erkennen.

Die Standsicherheit geht durch die folgenden drei Ereignisse verloren:

- Übermäßiges Belasten an einer Freistandsgrenze:
  - Abtragen eines Schornsteinkopfes, Aufnahme von Steinen in den Korb (siehe auch Kapitel 7.7.2),
  - Wasserzuführung in einen B-35-K-Druckschlauch, der leer in einem ausgefahrenen Leitersatz liegt (siehe auch Kapitel 7.6.2),
- Einsacken der Abstützung/Versagen des Untergrundes im Freistand:
  - Die Ausladung vergrößert sich in Relation zur Abstützbreite (siehe auch Kapitel 7.14.3),
- Versagen des Auflagepunktes im Brückenbetrieb:
  - Ausleger im Auflagefeld auf Traufe aufgelegt – Traufe gibt nach,
  - Ausleger rutscht im spitzen Winkel vom Auflagepunkt.

Bei allen drei Ereignissen wird die Summe der Kippmomente größer, als die Summe der Standmomente. In der Folge kippt das Hubrettungsfahrzeug unvermeidlich auf die Seite.

Merke:

Die Standsicherheit eines Hubrettungsfahrzeugs muss in jeder Betriebsstellung gewährleistet sein. Hierzu muss die Summe der Standmomente immer größer als die Summe der Kippmomente sein.

Absicherung des Hubrettungsfahrzeugs

Das Hubrettungsfahrzeug muss gegen den fließenden Verkehr gesichert und der Bewegungsbereich des Hubrettungssatzes muss ausreichend abgesperrt werden. Diese Sperrfläche ist dann auch für Einsatzfahrzeuge, die beispielsweise rangieren, nicht befahrbar. Eine Kollision von Fahrzeugen mit dem Ausleger muss ausgeschlossen sein. Für den Drehbereich (hinterer Überstand) sollten mindestens 2,50 Meter berücksichtigt werden.

Eine Absicherung des Hubrettungsfahrzeugs soll mithilfe der folgenden Maßnahmen erfolgen:

- Einschalten
  - des Fahrlichts,
  - der Warnblinkanlage,
  - des blauen Blinklichts (Rundumlicht) vorne und ggf. hinten,
  - des Heckwarnsystems,
  - bei Nacht der Umfeldbeleuchtung,
- Aufstellen von
  - Faltsignalen,
  - Verkehrsleitkegel,
  - Warnblitzleuchten.

Für die Sicherung des Arbeitsbereichs kann flexibles Absperrband verwendet werden.

Bild 110: ***Gerade wenn auf der Fahrbahnseite innerhalb der Fahrzeugkonturen abgestützt wird, muss der hintere Überstand der Lafette beachtet und abgesichert werden. (Bild: J. O. Unger)***

Praxis-Tipp:

Wenn die Sicherheit anders nicht gewährleistet werden kann, ist eine Vollsperrung der Fahrbahn durchzuführen. Es ist sinnvoll, dass zusätzliche Einheiten den Einsatz eines Hubrettungsfahrzeugs absichern.

Gefahren der Einsatzstelle

Atemgifte und Ausbreitung

Bei allen Bränden muss mit Wärmestrahlung, einer schnellen Brandausbreitung und dem Einsturz von Bauteilen gerechnet werden. Deshalb ist von den Einsatzkräften des Hubrettungsfahrzeugs grundsätzlich die Persönliche Schutzausrüstung und als Atemschutz ein Isoliergerät zu tragen. Der Maschinist des Hubrettungsfahrzeugs legt hierzu am Hauptsteuerstand mindestens ein Filtergerät zur Eigensicherung bereit.

Angstreaktion

Um das Springen von Personen in den Rettungskorb zu verhindern, sollten Anleiterziele von der Seite eindrehend (möglichst von rechts nach links, entgegen dem Uhrzeigersinn) angefahren werden, damit auch der Maschinist auf dem Hauptsteuerstand die Lage im Blickfeld hat. Ein-/Übersteigprobleme in den Rettungskorb können durch die richtige Position des Korbes zum Anleiterziel vermieden werden.

Erkrankung/Verletzung

Die Leiter nur bei Sprossengleichstand besteigen. Den Motor in jedem Fall abschalten, bevor die Leiter bestiegen wird.

Praxisbeispiel:

Bei einem Brandeinsatz am 15. Mai 2002 in Meersburg (Baden-Württemberg) wurde auch die Drehleiter eingesetzt. Eine Einsatzkraft war allein und ohne Atemschutz im Korb der DLK 23-12 zur Bedienung des Wasserwerfers tätig. Die Lage entwickelte sich unerwartet so, dass die Einsatzkraft plötzlich in dichtem Rauch stand. Der Maschinist sprach seinen Kameraden daraufhin mehrfach über die Wechselsprechanlage an, ohne eine Antwort zu erhalten. Daher entschloss er sich, die Leiter zurückzunehmen. Beim Einziehen des Leitersatzes vernahm er Schreie. Daraufhin hat er die Leiter wieder etwas ausgefahren, worauf erneut Schreie zu hören waren. Ein zweiter Feuerwehrangehöriger hat daraufhin die DLK bestiegen und festgestellt, dass der Feuerwehrangehörige im Korb wegen des Rauches in

Panik den Korb verlassen hatte, um über den Leitersatz abzusteigen. Hierbei wurde er beim Einziehen der Leiter mit dem Bein zwischen den Sprossen eingeklemmt. Der zweite Feuerwehrangehörige befreite den Verletzten und veranlasste die Alarmierung des Notarztes. Diagnose: schwerste Fußverletzung mit Zehenamputation, langwierige stationäre Krankenhaus-Behandlung.

Besondere Vorsicht ist bei Nässe, Eis- und Schneebesatz des Leitersatzes geboten.

Praxisbeispiel:

Am 5. Juni 2003 wurde ein Feuerwehrangehöriger bei der Brandbekämpfung eines Dachstuhlbrandes in einem Brauereigebäude in Heimertingen (Bayern) von einem Blitz getroffen. Die Einsatzkraft, die sich im Rettungskorb einer DLK 23-12 befand, überlebte den Blitzschlag unverletzt, wurde aber ins Krankenhaus zur vorsorglichen stationären Beobachtung gebracht.

Bei Gewitter ist von einem Einsatz eines Hubrettungsfahrzeugs abzuraten. Die Abschätzung der Entfernung eines Blitzes bietet keine Einschätzung der Gefahr

Bild 111: ***Das sichere Besteigen des Leitersatzes sollte von allen Einsatzkräften regelmäßig in Ausbildung und Training geübt werden. (Bild: J. O. Unger)***

für den Einsatz mit Hubrettungsfahrzeugen bei Gewitter und damit keine Einschätzung für die Verletzungsgefahr des bedienenden Personals durch einen Blitzschlag.

Die Verantwortung für die Entscheidung für oder gegen den Einsatz und die daraus resultierenden Folgen trägt der Einsatzleiter.

Bild 112: ***Am 18. März 1991 wurden zwei Beamte der Berliner Feuerwehr getötet, als eine Hallenwand einstürzte und die Drehleiter unter sich begrub. (Bild: D. Machmüller)***

Einsturz/Absturz

Sind Gebäude- oder Bauteile vor, während oder nach der Brandbekämpfung durch Brandeinwirkung oder andere Ereignisse (z. B. Explosion) einsturzgefährdet, muss die Position des Hubrettungsfahrzeugs außerhalb des Trümmerschattens gewählt werden. Müssen Leiterbewegungen im Trümmerschatten durchgeführt werden, ist mindestens ein Sicherungsposten zur Beobachtung abzustellen.

Innerhalb des Rettungskorbes muss sich die Besatzung grundsätzlich nicht zusätzlich sichern. Besteht die Gefahr des Absturzes, oder des »herausgeschleudert werdens«, so sollte ein Auffangsystem nach DIN EN 363 zur Sicherung verwendet werden. Ist die Möglichkeit eines Absturzes ausgeschlossen, so genügt die Umwehrung des Korbes als Sicherung.

Bild 113: ***Besteht die Gefahr des Absturzes, bzw. des »herausgeschleudert werdens«, sollte ein zugelassenes Gurtsystem als Sicherung verwendet werden. (Bild: N. Beneke)***

> **Praxisbeispiel:**
>
> Am 25. November 2002 wurden in Reichelsheim (Hessen) ein Feuerwehrangehöriger bei einem Unfall mit einer Drehleiter DLK 18-12 getötet und eine weitere Person verletzt, als beim Aufhängen einer Weihnachts-Lichterkette ein Lkw gegen den gedrehten Hubrettungssatz stieß. Beide Männer wurden durch den Aufprall aus dem Korb geschleudert.

Verlässt die Besatzung den Rettungskorb in absturzgefährdete Bereiche, ist auf eine geeignete Absturzsicherung zu achten.

Während des Betriebes des Hubrettungsfahrzeugs befindet sich keine weitere Person auf dem Podium des Hubrettungsfahrzeugs. Es besteht Absturzgefahr und Einklemmungs- und Quetschgefahr durch den drehenden Hubrettungssatz.

Elektrizität

Spannungsführende Leitungen können für die Besatzung eines Hubrettungsfahrzeuges eine erhebliche Gefahr darstellen. Besonders bei Dunkelheit, wenn Freileitungen schlecht zu erkennen sind, kann es schnell zu einer Berührung mit dem

Ausleger kommen. Der Einsatzleiter sollte über die Leitstelle eine schnelle Freischaltung der Leitung durch den Betreiber veranlassen. Sobald bestätigt wurde, dass die Leitung spannungsfrei ist, muss sie zusätzlich geerdet werden.

Kann eine Spannungsfreiheit der betreffenden Leitung nicht sofort gewährleistet werden, muss ein Sicherheitsabstand eingehalten werden. Als Sicherheitsabstände gelten folgende Richtwerte:

Tabelle 10: ***Mindestsicherheitsabstände des Hubrettungssatzes beim Einsatz in der Nähe von elektrischen Leitungen***

Nennspannung	Mindestsicherheitsabstand
bis 1000 V	1 m
über 1 kV bis 110 kV	3 m
über 110 kV bis 22 0 kV	4 m
über 220 kV bis 380 kV	5 m
bei unbekannter Spannung	5 m
bei am Boden liegenden Leitungen	20 m

Bild 114: ***Alle Hindernisse wurden beachtet: 2 m Sicherheitsabstand zur Straßenbahn (hinterer Überstand), elektrische Freileitung wurde freigeschaltet und geerdet. (Bild: U. Cimolino)***

Die Sicherheitsabstände gelten für den Ausleger, den Korb und für darin befindliche Personen! Grundsätzlich muss bei Betrieb des Hubrettungsfahrzeugs eine Erdung sichergestellt sein. Sollte es zu einem Kontakt des Auslegers mit einer unter Spannung stehenden Freileitung kommen, sollten folgende Verhaltensregeln durch alle Einsatzkräfte befolgt werden:

- Maschinist und Einsatzkraft im Korb verbleiben ruhig an ihrer Position und berühren keine Teile in ihrer Umgebung;
- keine »Rettungsversuche« durch andere Einsatzkräfte;
- umgehende Freischaltung und Erdung der berührten Spannungsquelle veranlassen;
- erst Absteigen, wenn sichergestellt ist, dass die berührte Leitung stromlos ist;
- wenn es zu einem Technikausfall gekommen ist, eventuell Rettung der Personen im Korb mithilfe eines anderen Hubrettungsfahrzeugs.

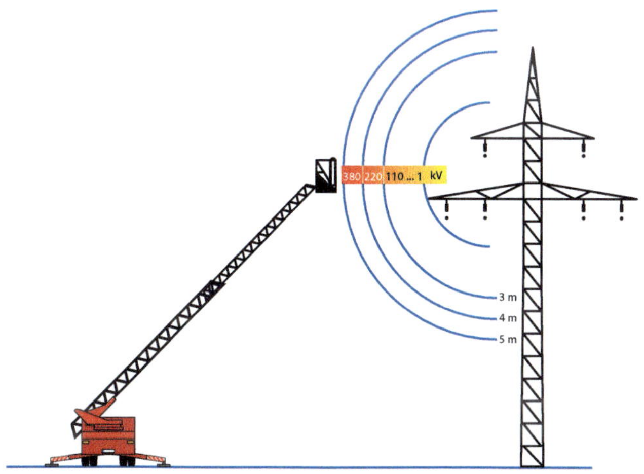

Bild 115: ***Sicherheitsabstände zu Freileitungen***

Das Hubrettungsfahrzeug muss nach Kontakt mit spannungsführenden Teilen vom Hersteller auf die volle Funktionsfähigkeit überprüft werden.

Gefährdung durch technische Anlagen in größerer Höhe

Starke elektromagnetische Strahlung kann den menschlichen Organismus schädigen. Zudem können technische Ausfälle an der Regel- und Überwachungselektronik des Hubrettungsfahrzeugs verursacht werden. Mobilfunkanlagen sind daher durch den Betreiber abschalten zu lassen.

Ist dies nicht möglich, sind Sicherheitsabstände einzuhalten:

- Mobilfunkanlagen → mindestens 0,5 Meter,
- Radio- und TV-Sendeanlagen → beim Betreiber erfragen.

Photovoltaikanlagen können Spannung bis 1000 V Gleichstrom erzeugen. Sonnenkollektoren beinhalten ein bis zu 140 °C heißes Wasser-Glykol-Gemisch. Es besteht die Gefahr des Absturzes von beschädigten Solarmodulen.

Wind

Ab Windstärke 5 Beaufort (Windgeschwindigkeit bis 40 km/h bzw. 10 m/s) sind die Anweisungen der Bedienungsanleitung zum Betrieb des Hubrettungsfahrzeuges zu beachten. Ab Windstärke 8 Beaufort (Windgeschwindigkeit ab 75 km/h bzw. 20 m/s) sollte das Hubrettungsfahrzeug nur noch zur Menschenrettung eingesetzt werden. Ab Windstärke 10 Beaufort (Windgeschwindigkeit ab 100 km/h bzw. 30 m/s) ist der Betrieb grundsätzlich einzustellen! Bei der Beurteilung der Windstärke ist zu beachten, dass diese in der Höhe deutlich größer ist, als am Boden (siehe Windstärkentabelle im Anhang).

Gewässer

Bei Einsätzen an oder über Gewässern muss die Besatzung des Rettungskorbes gegen Ertrinken gesichert werden. Bei der Menschenrettung aus Gewässern muss beachtet werden, dass der Rettungskorb maximal bis zur Wasseroberfläche gefahren wird, damit es bei einer Lastzunahme nicht zum Eintauchen des Korbes kommt.

Bei Fließgewässern mit starker Strömung muss darauf geachtet werden, dass der Ausleger nicht in das Wasser getaucht wird, um die Standsicherheit nicht zu gefährden. Rettungskörbe mit elektronischen Regel- und Überwachungseinheiten sollten nicht ins Wasser getaucht werden, da es bei Wassereinbruch zu gravierenden Störungen, bis hin zum Totalausfall, kommen kann.

Merke:

Sicherheit: sorgfältig arbeiten – Sinne einschalten!

7.15 Zusammenfassung Einsatzschema

Im Einsatzschema für Hubrettungsfahrzeuge werden alle wichtigen Handlungen für den schnellen und richtigen Einsatz mit einer Drehleiter oder Hubarbeitsbühne der Feuerwehren als logischer Handlungsablauf zusammengefasst.

Mit dem ersten – dem roten – Zahnrad wird die Einsatzart festgelegt, denn diese bestimmt die Position der Drehkranzmitte des Hubrettungsfahrzeugs:

1. Menschenrettung: Drehkranzmitte möglichst dicht zum Anleiterziel positionieren, denn: Je geringer die Ausladung, desto größer die Zuladung.
2. Anleiterbereitschaft: Drehkranzmitte so positionieren, dass mit dem Hubrettungsfahrzeug möglichst zwei Gebäudeseiten abgesichert werden können – bis zu der Freistandsgrenze, dass ein Trupp in den Korb zusteigen kann.
3. Brandbekämpfung:
    a) klein: Drehkranzmitte so positionieren, dass die Korboberkante bündig zu einem Fenstersims angeleitert werden kann → Schutz vor Durchzündung.
    b) groß: Drehkranzmitte so positionieren, dass das Hubrettungsfahrzeug vor Wärmestrahlung und Trümmern geschützt ist.
4. Technische Hilfe: Drehkranzmitte so positionieren, dass in großer Ausladung über das Heck gearbeitet werden kann.

Mit dem zweiten – dem gelben – Zahnrad wird die Anleiterart festgelegt, denn diese bestimmt die Position der Drehkranzmitte des Hubrettungsfahrzeugs:

1. Frontal: Der Korb wird mit der Frontseite am Anleiterziel positioniert, der Anleiterweg wird nicht durch Hindernisse beeinflusst, die benötigte Distanz für die festgelegte Einsatzart wird zuvor abgeschritten.
2. Horizontal-Flucht: Der Korb wird mit der Frontseite am Anleiterziel positioniert, der Hubrettungssatz muss über ein horizontales Hindernis bewegt werden, die konstruktiven Eigenschaften des Hubrettungsfahrzeugs müssen korrigiert werden, zwei Meter werden auf das Anleiterobjekt hin abgeschritten.
3. Vertikal-Flucht: Der Korb wird mit einer der beiden Seiten am Anleiterziel positioniert, der Hubrettungssatz muss dabei entlang eines vertikalen Hindernisses bewegt werden, die konstruktiven Eigenschaften müssen hierfür korrigiert werden, ein Meter (DL)/1,50 Meter (HAB) müssen nach 90-Grad-Drehung vom Objekt weg abgeschritten werden.

Mit dem dritten – dem grünen – Zahnrad wird durch die HAUS-Regel die exakte Position der Drehkranzmitte des Hubrettungsfahrzeugs bestimmt:

1. Hindernisse – Hochschauen,
2. Abstände – Abschreiten,
3. Untergrund – Untersuchen,
4. Sicherheit – Sinne einschalten.

Die drei Zahnräder Einsatzart, Anleiterart, HAUS-Regel werden durch das Ineinandergreifen zu einem wirksamen Zahnradgetriebe. Ein richtiger und sicherer Einsatz mit dem Hubrettungsfahrzeug kann mit dem Einsatzschema zu jeder Tages- und Nachtzeit – für jeden Einsatz – gewährleistet werden.

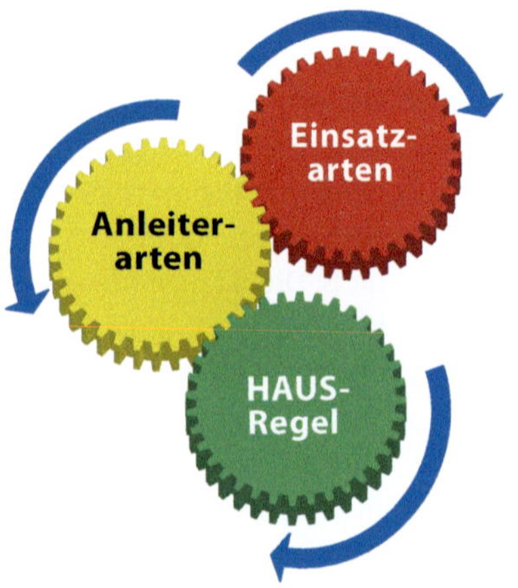

8 Unfälle mit Hubrettungsfahrzeugen

Für den sicheren Einsatz von Hubrettungsfahrzeugen ist eine umfassende Ausbildung der Besatzung notwendig. Die Ausbildung sollte mindestens 35 Stunden betragen und die Inhalte des Musterausbildungsplans der Projektgruppe Feuerwehr-Dienstvorschriften zum Ziel haben. Eine Gefährdungsbeurteilung, die die Feuerwehr verpflichtend für ihre Drehleiter oder Hubarbeitsbühne zu erstellen hat, zeigt die Gefährdungen auf, die im Betrieb mit der Maschine auftreten können (siehe auch Kapitel 4.9). Die Einhaltung der Feuerwehr-Dienstvorschriften, der gültigen Unfallverhütungsvorschriften, der Betriebsanweisungen aus der Bedienungsanleitung des Hubrettungsfahrzeugs und der Sicherheitshinweise in der HAUS-Regel tragen zu einem verletzungsfreien Einsatz bei.

Bei einigen Unfällen in der Vergangenheit sind Feuerwehreinsatzkräfte verletzt und getötet worden. Das Ausbildungs- und Informationsportal DREHLEITER.info

Bild 116: ***Verliert der Untergrund der Standfläche an Festigkeit, kann die Abstützung einsacken. Die Summe der Kippmomente nimmt dabei unweigerlich zu, bis sie größer ist als die Summe der Standmomente. Ein Kippen des Hubrettungsfahrzeugs ist die Folge. (Bild: H. Kollinger)***

8

dokumentiert im Internet seit 2005 unter www.drehleiter.info/unfaelle alle bekannt gewordenen Unfälle, die im Zusammenhang mit Drehleitern und Hubarbeitsbühnen geschehen sind. Dies dient dazu, aus den Vorfällen der Vergangenheit die richtigen Schlüsse zu ziehen, um so Unfälle künftig wirksam verhindern zu können. Fehlentscheidungen aufgrund von mangelnder Ausbildung können dazu führen, dass Unfälle mit Hubrettungsfahrzeugen im Einsatz verursacht werden. Hier kann regelmäßiges Training mit standardisierten Verfahrensabläufen, die drillmäßig geübt werden sollten, ein wirksames Mittel der Prävention sein. Wenn allen Einsatzkräften »eingedrillt« ist, dass das Podium und der Leitersatz eines Hubrettungsfahrzeugs nicht betreten werden, solange der Motor läuft, ist dies eine wirksame Unfallverhütung. Sie funktioniert auch nachts und unter Stress.

Merke:

Unfälle passieren nicht, Unfälle werden verursacht.

Unfälle mit Hubrettungsfahrzeugen können vor allem folgende Ursachen haben:

- mangelhafte Ausbildung der Besatzung,
- technischer Defekt,
- Unachtsamkeit,
- Selbstüberschätzung,
- Einsatzkraft körperlich angeschlagen,
- Bedienerfehler,
- Handeln gegen Sicherheitsvorschriften und -regeln,
- Führungsfehler.

Folgende Sicherheitsvorschriften und -regeln dienen einem sicheren Arbeiten mit dem Hubrettungsfahrzeug:

- Feuerwehr-Dienstvorschriften,
- Musterausbildungsplan für die Aus- und Fortbildung an Hubrettungsfahrzeugen der Projektgruppe Feuerwehr Dienstvorschriften,
- Unfallverhütungsvorschriften insbesondere:
- DGUV Vorschrift1 »Grundsätze der Prävention«,
- DGUV Vorschrift 49 »Feuerwehren«,
- DGUV Vorschrift 71 »Fahrzeuge«,
- DGUV Vorschrift 53 »Krane« (wenn ein Hubrettungsfahrzeug im Lastthebeeinsatz eingesetzt wird),
- Gefährdungsbeurteilung des Betreibers des Hubrettungsfahrzeugs,

- Betriebsanweisungen der Bedienungsanleitung des Hubrettungsfahrzeugs,
- HAUS-Regel, besonders der Punkt S für Sicherheit,
- Matrix der Gefahren der Einsatzstelle,
- Landesbauordnung und dazugehörige Durchführungsvorschriften (zum Beispiel Flächen für die Feuerwehr),
- Straßenverkehrsordnung.

Durch folgende Präventionsmaßnahmen können Unfälle wirksam vermieden werden:

- Ausbildung der Besatzung mindestens gemäß Musterausbildungsplan der Projektgruppe Feuerwehr-Dienstvorschriften,
- regelmäßige, jährliche Fortbildung der Besatzungen von Hubrettungsfahrzeugen,
- Wartungs- und Serviceintervalle für das Hubrettungsfahrzeug einhalten,
- regelmäßige Funktions- und Sicherheitsüberprüfungen des Hubrettungsfahrzeugs gemäß Bedienungsanleitung (Hinweis: Die DREHLEITER.info-Fachinformationen »Überprüfung von Hubrettungsfahrzeugen – täglich/monatlich« für Drehleitern und Hubarbeitsbühnen können im Internet unter www.drehleiter.info/downloads, Stand Juni 2021, heruntergeladen werden.),
- Handeln nach den genannten Sicherheitsvorschriften und -regeln,
- Absicherung gegen den fließenden Verkehr.

Abkürzungen

ABA	Analoge Belastungsanzeige
ADL	Auto-Drehleiter (Schweiz)
AFB	Analoge Fernbelastungsanzeige
AL	Anhänger-Leiter
ALB	Anleiterbereitschaft
ALP	Aerial Ladder Platform, Eigenbezeichnung der Firma Iveco Magirus Brandschutztechnik für eine HAB
B 32	Hubarbeitsbühne mit einer maximalen Arbeitshöhe von 32 Metern, Eigenbezeichnung der Firma Metz Aerials/Rosenbauer
CC	Computer Controlled (Magirus)
CIR	Computer Integrierte Rettung (FGL)
CS	Computer Stabilized (Magirus)
DKM	Drehkranzmitte
DL	Drehleiter
DLA	Drehleiter mit kombinierten Bewegungen (Automatik-Drehleiter)
DLAK	Drehleiter mit kombinierten Bewegungen (Automatik-Drehleiter) mit Rettungskorb
DLK	Drehleiter mit Rettungskorb
DLS	Drehleiter mit aufeinander folgenden (sequenziellen) Bewegungen (halbautomatische Drehleiter)
ELBO	Elektronische Bodendrucküberwachung
GL	Gelenkarm (Magirus)
GL-T	Teleskopierbarer Gelenkarm (Magirus)
GM	Gelenkmast
GMB	Gelenkmastbühne
HAB	Hubarbeitsbühne (Normbezeichnung nach DIN EN 1777)
HRB	Hubrettungsbühne (Schweiz)
HuLF	Hubarbeits-Löschfahrzeug (Kombinationsfahrzeug Multistar)
HuRW	Hubarbeits-Rüstwagen (Kombinationsfahrzeug Multistar)
HZL	Hinterachszusatzlenkung
L 20 FA	(Dreh)Leiter mit eine maximalen Arbeitshöhe von 20 Metern, Eigenbezeichnung von Metz Aerials/Rosenbauer für eine DLA (K) 12/9 mit einer maximalen Rettungshöhe von 18 Metern. »FA« steht für »First Attack« (Kombinationsfahrzeug »Multitalent«)

L 32	(Dreh)Leiter mit eine maximalen Arbeitshöhe von 32 Metern, Eigenbezeichnung von Metz Aerials/Rosenbauer für eine DLA (K) 23/12 mit einer maximalen Rettungshöhe von 30 Metern. Andere Drehleitern werden nach demselben System werksintern als L 20, L 27 oder L 39 bezeichnet.
L 32 A	(Gelenk-Dreh)Leiter mit eine maximalen Arbeitshöhe von 32 Metern, Eigenbezeichnung von Metz Aerials/Rosenbauer für eine DLA (K) 23/12 mit einer maximalen Rettungshöhe von 30 Metern. Das »A« steht für »Articulated« (beweglich, gelenkig)
LB	Leiterbühne
M 32 L	Magirus (Dreh-)Leiter mit einer maximalen Arbeitshöhe von 32 Metern. Eigenbezeichnung von Magirus für eine DLA (K) 23/12 mit einer maximalen Rettungshöhe von 30 Metern. Andere Drehleitern werden nach demselben System werksintern als M 27 L, M 39 L oder M 42 L bezeichnet
M 33 P	Magirus Plattform (Hubarbeitsbühne) mit einer maximalen Arbeitshöhe von 33 Metern. Eigenbezeichnung von Magirus
MWS	Metz Wiegesystem
n. B.	niedrige Bauart (Magirus)
P 56	Plattform mit einer maximalen Arbeitshöhe von 56 Metern, Eigenbezeichnung von Metz Aerials/Rosenbauer (Hubarbeitsbühne)
PLC	Program Logic Control (Metz)
RK/RC	Rettungskorb/Rescue Cage
SE	Soforteinstieg (Metz)
TGM	Teleskop-Gelenkmast (auch verwendete Bezeichnung für eine HAB)
TLK 23/12	Teleskop-Leiter mit Korb, Eigenbezeichnung von Bronto Skylift für eine Hubarbeitsbühne mit 23 Metern Nennrettungshöhe bei einer Nenn-Ausladung von zwölf Metern.
TM	Teleskopmast (auch verwendete Bezeichnung für eine HAB)
TMB	Teleskopmastbühne (auch verwendete Bezeichnung für eine HAB)
TMF	Teleskopmastfahrzeug (auch verwendete Bezeichnung für eine HAB)
TWS	Telescopic Waterway System (Metz/Rosenbauer)
Vario-Abstützung	Variable X-Abstützung (Magirus)
WS-Abstützung	Waagerecht/Senkrecht-Abstützung (Metz/Rosenbauer)
zGG	zulässiges Gesamtgewicht (Angabe im Fahrzeugschein)
zGM	zulässige Gesamtmasse (Angabe nach DIN EN 1846)

Literatur/Quellen

Beneke, N., Unger, J. O., Thrien, K.: Drehleiter-Maschinisten-Ausbildung: Wie lässt sie sich verbessern? BRANDSchutz/Deutsche Feuerwehr-Zeitung, Verlag W. Kohlhammer, Stuttgart, Ausgabe 3/2009.

Beneke, N., Unger, J. O.: Anleiterbereitschaft, Die Roten Hefte/Ausbildung kompakt 226, Verlag W. Kohlhammer, Stuttgart, 1. Auflage 2015.

Beneke, N., Unger, J. O.: Einsatzübungen planen und durchführen. Ein Handbuch für Feuerwehren und Rettungsdienste, Verlag W. Kohlhammer, Stuttgart, 1. Auflage 2021.

Cimolino, U., Aschenbrenner, D., Lembeck, T., Südmersen, J.: Atemschutz, Ecomed Verlag, Landsberg, 3. Auflage 2001.

Cimolino, U.: Schriftverkehr zur HAUS-Regel, 2005.

Cimolino, U., Zawadke, T.: Einsatzfahrzeuge für Feuerwehr und Rettungsdienst (Typen), Ecomed Verlag, Landsberg, 1. Auflage 2006.

Destatis, Statistisches Bundesamt: Sterbefälle, Sterbeziffern (je 100.000 Einwohner, altersstandardisiert) (ab 1998), online abrufbar unter: https://www.gbe-bund.de/gbe/pkg_isgbe5.prc_menu_olap?p_uid=gast&p_aid=95356263&p_sprache=D&p_help=0&p_indnr=6&p_indsp=7062&p_ityp=H&p_fid=, aufgerufen am: 28.07.2021.

DGUV, Fachgruppe »Feuerwehren-Hilfeleistung«.

DGUV, Deutsche Gesetzliche Unfallversicherung: DGUV Vorschrift 1 »Grundsätze der Prävention«.

DGUV, Deutsche Gesetzliche Unfallversicherung: DGUV Vorschrift 49 »Unfallverhütungsvorschrift Feuerwehren«.

DGUV, Deutsche Gesetzliche Unfallversicherung: DGUV Vorschrift 53 »Unfallverhütungsvorschrift Krane«.

DGUV, Deutsche Gesetzliche Unfallversicherung: DGUV Vorschrift 70 »Unfallverhütungsvorschrift Fahrzeuge«.

DGUV, Deutsche Gesetzliche Unfallversicherung: DGUV Vorschrift 71 »Unfallverhütungsvorschrift Fahrzeuge«.

DGUV, Deutsche Gesetzliche Unfallversicherung: DGUV Information 205-014 »Auswahl von persönlicher Schutzausrüstung für Einsätze bei der Feuerwehr. Basierend auf einer Gefährdungsbeurteilung«.

DGUV, Deutsche Gesetzliche Unfallversicherung: DGUV Information 214-059 »Ausbildung für Arbeiten mit der Motorsäge und die Durchführung von Baumarbeiten«.

DGUV, Deutsche Gesetzliche Unfallversicherung: DGUV Regel 100-001 »Grundsätze der Prävention«.

DGUV, Deutsche Gesetzliche Unfallversicherung: DGUV Regel 100-500 »Betreiben von Arbeitsmitteln«.

DGUV, Deutsche Gesetzliche Unfallversicherung: DGUV Grundsatz 309-003 »DGUV Grundsatz 309-003«.

DIN EN 14043:2014-04, Hubrettungsfahrzeuge für die Feuerwehr – Drehleitern mit kombinierten Bewegungen (Automatik-Drehleitern), Deutsches Institut für Normung, Berlin, April 2014.

DIN EN 14044:2014-04, Hubrettungsfahrzeuge für die Feuerwehr – Drehleitern mit aufeinander folgenden (sequenziellen) Bewegungen (Halbautomatik-Drehleitern), Deutsches Institut für Normung, Berlin, April 2014.

DIN 14090:2003-05, Flächen für die Feuerwehr auf Grundstücken, Deutsches Institut für Normung, Berlin, Mai 2003.

DIN 14094-2:2017-04, Feuerwehrwesen – Notleiteranlagen, Teil 2: Rettungswege auf flachen und geneigten Dächern, Deutsches Institut für Normung, Berlin, April 2017.

DIN 14701-1:2018-01, Hubrettungsfahrzeuge für Feuerwehren und Rettungsdienste – Teil 1: Hubarbeitsbühnen (HABn) nach DIN EN 1777 – Einsatztaktische Klassifizierung und Begriffe sowie Leistungsanforderungen von Teleskopgel8enkmasten (TGM), Deutsches Institut für Normung, Berlin, Januar 2018.

DIN 14011/A1:2018-01, Feuerwehrwesen – Begriffe, Deutsches Institut für Normung, Berlin, Januar 2018.

DIN EN 1777:2010-06, Hubrettungsfahrzeuge für Feuerwehren und Rettungsdienste, Hubarbeitsbühnen (HABn), Deutsches Institut für Normung, Berlin, Juni 2010.

DIN VDE 0132:2018-07, Brandbekämpfung und technische Hilfeleistung im Bereich elektrischer Anlagen, Deutsches Institut für Normung, Berlin, Juli 2018.

Feuerwehr-Dienstvorschriften: FwDV 1, FwDV 2, FwDV 3, FwDV 10, FwDV 100, jeweils aktuelle und gültige Fassung.

Fischer, R.: Rechtsfragen beim Feuerwehreinsatz, Rotes Heft 68, Verlag W. Kohlhammer, Stuttgart, 4. Auflage 2017.

Garz, D., Schriftverkehr zur Kranausbildung für Drehleiter-Maschinisten, 2009.

Gihl, M.: Drehleitern, Verlag W. Kohlhammer, Stuttgart, 1. Auflage 1984.

Gihl, M.: Geschichte des deutschen Feuerwehrfahrzeugbaus, Band 1, Verlag W. Kohlhammer, Stuttgart, 1. Auflage 1998.

Gihl, M.: Geschichte des deutschen Feuerwehrfahrzeugbaus, Band 2, Verlag W. Kohlhammer, Stuttgart, 1. Auflage 2000.

Gihl, M.: Die Fahrzeuge und Löschboote der Feuerwehr Hamburg, Verlag Podszun Motorbücher, Brilon, 1. Auflage 2003.

Graeger, A.(Hrsg.): Einsatz- und Abschnittsleitung, Ecomed Verlag, Landsberg, 1. Auflage 2003.

Hasemann, D.: Drehleiterfahrzeuge deutscher Feuerwehren im 20. Jahrhundert, Verlag Podszun Motorbücher, Brilon, 1. Auflage 2000.

Hermann, S.: Hochhaus und Drehleiter, In: BRANDSchutz/Deutsche Feuerwehr-Zeitung, Verlag W. Kohlhammer, Stuttgart, Ausgabe 1/2010.

Hornung, W.: Feuerwehrgeschichte, Verlag W. Kohlhammer, Stuttgart, 4. Auflage 1995.

Kemper, H.: Handbuch Brandschutz, Ecomed Verlag, Landsberg, 26. Aktualisierung 2009.

Knorr, K.-H.: Die Gefahren der Einsatzstelle, Verlag W. Kohlhammer, Stuttgart, 9. Auflage 2018.

London Fire Brigade, Aerial Appliances, Turntable Ladder Manual, 2007.

Mezger, J.: Absturzsicherung, Rotes Heft 213, Verlag W. Kohlhammer, Stuttgart, 3. Auflage 2021.

Mohamed, D. B., Zaglia, C.: Riffaud – Constructeur d'échelles depuis 150 ans, Soldats du feu editions, 1. Auflage 2008.

Pulm, M.: Falsche Taktik – Große Schäden, Verlag W. Kohlhammer, Stuttgart, 9. Auflage 2020.

Schmidt, G., Schlusche, E.: Überdruckbelüftung, Rotes Heft 203, Verlag W. Kohlhammer, Stuttgart, 2. Auflage 2007.

Schueler, B.: Drehleiter-Maschinisten-Ausbildung für Feuerwehren, Verlag G. Schueler, Celle, 4. Auflage Juli 2005.

Siegmann, E.-O.: Sicheres Anschlagen von Lasten (Ausgabe B), Resch-Verlag, Gräfelfing, 3. Auflage 2008.

Thiem, H., Huber, J.: Gefahren im Einsatz: Photovoltaikanlagen, In: BRANDSchutz/Deutsche Feuerwehr-Zeitung, Verlag W. Kohlhammer, Stuttgart, Ausgabe 2/2006.

Thöne, J., Walle, N.: Hubrettungsfahrzeuge im Lasthebeeinsatz, Die Roten Hefte/Ausbildung kompakt 225, Verlag W. Kohlhammer, Stuttgart, 1. Auflage 2015.

Thorns, J.: Drehleiter ist nicht mehr Drehleiter, In: BRANDSchutz/Deutsche Feuerwehr-Zeitung, Verlag W. Kohlhammer, Stuttgart, Ausgabe 3/2005.

Thrien, K.: Kettensägen im Feuerwehreinsatz, Rotes Heft 72, Verlag W. Kohlhammer, Stuttgart, 3. Auflage 2015.

Thrien, K.: Maschinist für Hubrettungsfahrzeuge, Rotes Heft 76, Verlag W. Kohlhammer, Stuttgart, 1. Auflage 2005.

Unfallverhütungsvorschriften: Grundsätze der Prävention, Forsten, Feuerwehren, Krane, Fahrzeuge, Leitern und Tritte, jeweils aktuelle und gültige Fassung.

Unger, J. O., Grundlagen im Drehleitereinsatz, Manuskript für die Standortausbildung, 2003.

Unger, J. O., Beneke, N.: HAUS-Regel, Die spezielle Einsatztaktik für den sicheren Einsatz mit Hubrettungsfahrzeugen, Hamburg/Hannover, Ausgabe 4.1, 2010.

Unger, J. O., Beneke, N., HAUS – eine neue Standardtaktik für den Drehleitereinsatz, In: BRANDSchutz/Deutsche Feuerwehr-Zeitung, Verlag W. Kohlhammer, Stuttgart, Ausgabe 10/2005.

Unger, J. O., Ridder, A.: Anleiterbereitschaft – »A stairway to safety!«, In: BRANDSchutz/Deutsche Feuerwehr-Zeitung, Verlag W. Kohlhammer, Stuttgart, Ausgabe 7/2007.

Unger, J. O., Beneke, N.: Die richtige Position – Drehleiter auf den Punkt gebracht, In: BRANDSchutz/Deutsche Feuerwehr-Zeitung, Verlag W. Kohlhammer, Stuttgart, Ausgabe 1/2008.

Unger, J. O., Beneke, N.: Kranbetrieb mit Hubrettungsfahrzeugen? Ja, aber sicher!, In: BRANDSchutz/Deutsche Feuerwehr-Zeitung, Verlag W. Kohlhammer, Stuttgart, Ausgabe 4/2010.

Vereinigung zur Förderung des deutschen Brandschutzes (vfdb), Referat 10, Merkblatt – Empfehlungen für den Feuerwehreinsatz bei elektromagnetischen Feldern, München, April 2000.

Wackerhahn, J., Schubert, R.: Absicherung von Einsatzstellen, Rotes Heft 205, Verlag W. Kohlhammer, Stuttgart, 1. Auflage 2007.

Werft, W., Cimolino, U., Heyne, T., Springer, H.: Absturzsicherung und einfache Rettung aus Höhen und Tiefen, Ecomed Verlag, Landsberg, 1. Auflage 2009.

Wieder, M. A.: Aerial Apparatus Drivers/Operators Handbook, International Fire Service Training Association (IFSTA), First Edition, 2000.

www.drehleiter.info

Zimmermann, B., Zimmermann, S.: Der Kranführer, Resch-Verlag, Gräfelfing, 9. überarbeitete Auflage 2008.

Stichwortverzeichnis

Anhang

Anhang 1 Windstärkentabelle

Die Normen für Hubrettungsfahrzeuge fordern einen Betrieb ohne Leinen bis zu einer Windgeschwindigkeit von 12,5 m/s.

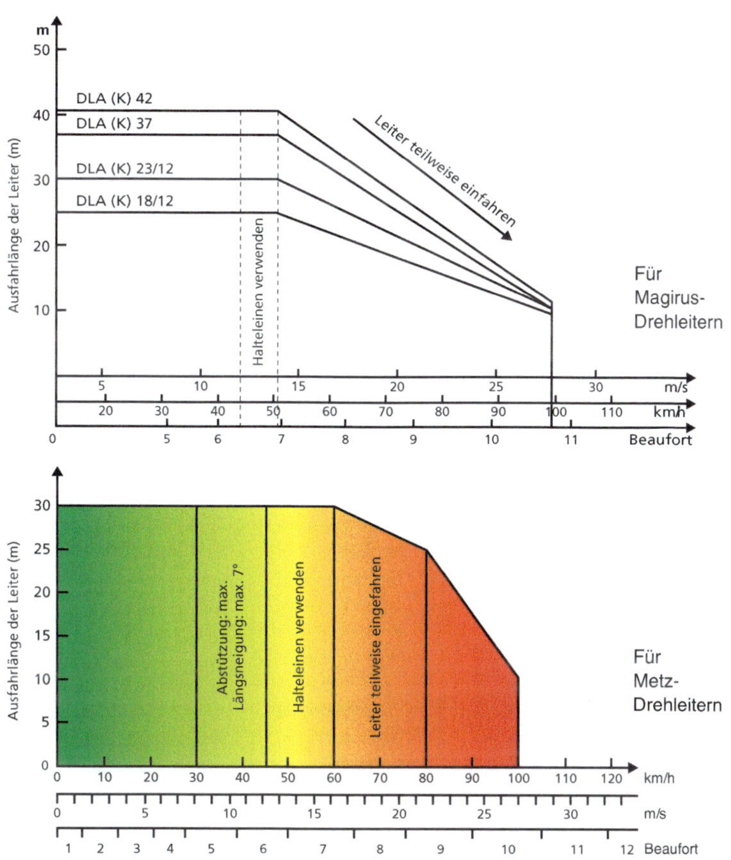

Anhang 2 Handzeichen zum Einweisen gemäß DGUV Vorschrift 70 (ehemals GUV-V D 29) »Fahrzeuge« und DIN 33409

Bezeichnung des Handzeichens	Bedeutung	Empfehlung für die Nutzung im DL-/HAB-Einsatz	Bewegung des Einweisers	Bild
Achtung	Hinweis auf nachfolgende Handzeichen	Beginn der Einweisung zur Positionierung der Drehkranzmitte (DKM)	Arm gestreckt mit nach vorn gekehrter Handfläche hochhalten	
Halt	Beenden eines Bewegungsablaufs	Hubrettungsfahrzeug steht mit der DKM optimal auf der Standfläche	Beide Arme seitwärts waagerecht ausstrecken.	
Halt – Gefahr	Schnellstmögliches Beenden eines Bewegungsablaufs	Ausleger droht gegen ein Hindernis zu fahren.	Beide Arme seitwärts waagerecht austrecken und abwechselnd anwinkeln und strecken.	
Angabe des Abstands zum Haltepunkt	Anzeige einer Abstandsverringerung	Einweisen des Hubrettungsfahrzeugs in Engstellen, Annäherung des Korbes an ein Hindernis	Beide Handflächen parallel entsprechend dem Abstand halten. Wenn der gewollte Abstand erreicht ist, Zeichen »Halt« geben!	

Bezeichnung des Handzeichens	Bedeutung	Empfehlung für die Nutzung im DL-/HAB-Einsatz	Bewegung des Einweisers	Bild
Auf	Einleiten einer senkrechten Aufwärtsbewegung	Ausfahren des Auslegers/Hubarms Im Kranbetrieb: Kranflasche aufwärts	Mit nach oben zeigender Hand eine Kreisbewegung mit dem Arm ausführen.	
Ab	Einleiten einer senkrechten Abwärtsbewegung	Einziehen des Auslegers/Hubarms Im Kranbetrieb: Kranflasche abwärts	Mit nach unten zeigender Hand eine Kreisbewegung mit dem Arm ausführen.	
Langsam auf	Einleiten einer langsamen Aufwärtsbewegung	Aufrichten/Heben des Auslegers/Hubarms	Unterarm waagerecht mit nach oben gekehrter Handfläche auf- und abbewegen	
Langsam ab	Einleiten einer langsamen Abwärtsbewegung	Senken des Auslegers/Hubarms	Unterarm waagerecht mit nach unten gekehrter Handfläche auf- und abbewegen	

Bezeichnung des Handzeichens	Bedeutung	Empfehlung für die Nutzung im DL-/HAB-Einsatz	Bewegung des Einweisers	Bild
Richtungsangabe	Einleiten einer Bewegung in eine bestimmte Richtung	Beim Einweisen des Fahrzeugs die Lenkrichtung anzeigen, Drehrichtung/Schwenkrichtung des Auslegers/Hubarms	Den der Bewegungsrichtung zugeordneten Arm anwinkeln und hin- und herbewegen	 
Herkommen	Einleiten einer Bewegung in die Richtung des Einweisers	Fahrzeug fährt direkt in die Richtung des Einweisers, es erfolgt keine Lenkbewegung	Mit beiden Armen mit zum Körper gerichteten Handflächen heranwinken.	
Entfernen	Einleiten einer Bewegung vom Einweiser weg.	Fahrzeug fährt direkt vom Einweiser weg, es erfolgt keine Lenkbewegung	Mit beiden Armen mit vom Körper gerichteten Handflächen wegwinken.	

Anhang 3 Musterausbildungsplan für die Aus- und Fortbildung an Hubrettungsfahrzeugen der Projektgruppe Feuerwehr-Dienstvorschriften

Die Projektgruppe Feuerwehr-Dienstvorschriften des Ausschusses Feuerwehrangelegenheiten, Katastrophenschutz und zivile Verteidigung hat im September 2012 den »Musterausbildungsplan für die Aus- und Fortbildung an Hubrettungsfahrzeugen« beschlossen und den Ländern zur Einführung empfohlen. Der Musterausbildungsplan kann im Volltext im Internet unter www.drehleiter.info heruntergeladen werden. Nachstehend sind auszugsweise nur die Lehrinhalte dargestellt.

Ausbildungseinheit	Zeit	Groblernziele Die Teilnehmer müssen	Inhalte	LZS	Empfohlene Methode
Lehrgangsorganisation	1	über Ablauf und Zielsetzung des Lehrgangs informiert werden und am Lehrgangsende Gelegenheit zur Kritik erhalten.	▪ Organisatorisches ▪ Stundenplan ▪ Lernziele ▪ Abschlussgespräch	1	Unterrichtsgespräch
Die Besatzung und deren Aufgabenbereiche	1	die Aufgabenbereiche und Zuständigkeiten der Besatzung eines Hubrettungsfahrzeugs erklären können.	▪ Aufgaben und Zuständigkeiten im Einsatz der Besatzung ▪ sonstige Aufgaben und Zuständigkeiten	2	Unterrichtsgespräch
Fahrzeugkunde/Fahrzeugtechnik	4	Die verschiedenen genormten Arten und Typen der Hubrettungsfahrzeuge benennen können, grundsätzlicher Aufbau und Funktionsweise erklären können, Norm-Begriffe anwenden und erklären können.	▪ Normung (DIN EN 14043, 14044, 1777) ▪ Begriffe ▪ Arten und Typen Hubrettungsfahrzeuge ▪ Abmessungen ▪ Beladung ▪ Funktionsprinzipien	1 2 1 2 1 2	Lehrvortrag/ Unterrichtsgespräch/ praktische Unterweisung

Ausbildungs-einheit	Zeit	Groblernziele Die Teilnehmer müssen	Inhalte	LZS	Empfohlene Methode
			▪ Technik des Hubrettungssatzes ▪ Physikalische Grundlagen ▪ Pflege und Wartung	2 2 2	
Unfall-verhütung	1	Grundlagen, die für einen sicheren Betrieb von Hubrettungsfahrzeugen notwendig sind, nennen können	▪ Feuerwehr-Dienstvorschriften ▪ Unfallverhütungsvorschriften ▪ Bedienungsanleitung ▪ Betriebsanweisungen	2 2 2 2	Unterrichtsgespräch/ Lehrvortrag
Baurecht	1	Den Zusammenhang von Baurecht und dem Einsatz von Hubrettungsfahrzeugen erklären können.	▪ Flächen für die Feuerwehr ▪ 2. Rettungsweg gemäß Landesbauordnung	2 2	Unterrichtsgespräch/ Lehrvortrag
Bedienung	5	Das Hubrettungsfahrzeug von allen Steuerständen aus sicher bedienen und alle möglichen Funktionen erklären können	▪ Fahren und Inbetriebnahme des Hubrettungsfahrzeugs ▪ Steuerung/Bedienung der Abstützung ▪ Steuerung/Bedienung vom Hauptsteuerstand ▪ Steuerung/Bedienung vom Korbsteuerstand	2 2 2 2	Lehrvortrag/ praktische Unterweisung/Stationsarbeit

Ausbildungs-einheit	Zeit	Groblernziele Die Teilnehmer müssen	Inhalte	LZS	Empfohlene Methode
Sicherheits-einrichtungen	2	Die im Hubrettungs-fahrzeug verbauten Sicherheitseinrich-tungen benennen und die Funktions-weise erklären kön-nen	▪ mögliche Einbau-arten und Funk-tionsweise aller wirksamen Sicher-heitseinrichtun-gen in Hubret-tungsfahrzeugen	2	Lehrvortrag/ Unterrichts-gespräch/ praktische Unter-weisungen
Notbetrieb	3	Die verschiedenen Notbetriebsarten er-klären und Störun-gen erkennen, eine Störungssuche und Fehlerbehebung durchführen können	▪ mögliche Störun-gen während des Betriebs ▪ die unterschied-lichen Not-betriebsarten durchführen	2 2	Lehrvortrag/ praktische Unter-weisung
Zusatzeinrich-tungen	3	Die unterschied-lichen Zusatzein-richtungen des Hub-rettungsfahrzeugs erklären, zurüsten und bedienen kön-nen	▪ Wenderohr ▪ Krankentragen-halterung ▪ Beleuchtungs-einrichtungen	2 2 2	Lehrvortrag/ praktische Unter-weisung
Einsatz-bereiche, Einsatztaktik	3	Die verschiedenen Einsatzarten für Hubrettungsfahr-zeuge und unter-schiedliche Anleiter-arten kennen und anwenden können.	▪ Menschenrettung ▪ Brandbekämp-fung ▪ Technische Hilfe-leistung ▪ Anleiterarten ▪ Leiterbrücke ▪ Fest- und Halte-punkt	2 2 2 2 2 2	Lehrvortrag/ praktische Unter-weisung
Einsatzgrund-sätze für Hubrettungs-fahrzeuge	2	Die Einsatzgrundsät-ze für Hubrettungs-fahrzeuge erklären können.	▪ Hindernisse ▪ Abstände ▪ Untergrund ▪ Sicherheit	2 2 2 2	Unterrichts-gespräch/ Lehrvortrag

Ausbildungs-einheit	Zeit	Groblernziele Die Teilnehmer müssen	Inhalte	LZS	Empfohlene Methode
Einsatz-übungen	6	Die in Theorie und Praxis erworbenen Kenntnisse und Fähigkeiten in verschiedenen Einsatzübungen mit dem Hubrettungsfahrzeug anwenden.	▪ Verschiedene ▪ Einsatzarten ▪ Unterschiedliche Anleiterarten ▪ Zusatzeinrichtungen	3 3 3	Einsatz-übungen
Leistungs-nachweis	3	schriftlicher und praktischer Leistungsnachweis	▪ Gesamter Lehrstoff		
Gesamt-stunden	35				

Die Lernzielstufen entsprechen der Feuerwehr-Dienstvorschrift 2, Teil II, Punkt 1.1 ff.

Anhang 4 Mindest-Beladung nach deutschem Anhang zur DIN EN 14043

Gegenstand	**Stückzahl bei**		
	DLA 23/12 **DLAK 23/12**	**DLA 18/12** **DLAK 18/12**	**DLA 12/9** **DLAK 12/9**
Warnkleidung (Weste)	3[a]	3[a]	3[a]
Atemgerät (ohne Atemanschluss)	2	2	2
Atemanschluss	2	2	2
Kombinationsfilter A2B2E2K2P3	2	2	2
Schutzkleidung für Benutzer von handgeführten Kettensägen, Form C (Hose oder Beinlinge), Schnittschutzklasse 1 mit Gürtel	2	2	2
Oberkörperschutz mit zusätzlichem Schutz im Bauchbereich (»Schnittschutzjacke«)	2	2	2
Schutzhelm für Benutzer von handgeführten Kettensägen, mit Gesichts- und Gehörschutz	2	2	2
Schnittschutzhandschuhe (Paar)	2	2	2
Karton mit mindestens 50 Paar Infektionsschutzhandschuhe	1	1	1
Tragbarer Feuerlöscher mit 6 kg ABC-Löschpulver mit KFZ-Halterung oder als 6-l-Schaumlöscher	1	1	1
Druckschlauch B-20-K	2	2	2
Druckschlauch C-42-15-K	2	2	2
Verteiler BV oder BK	1	1	-
Übergangsstück B-C	1	1	1
Hohlstrahlrohr mit Festkupplung C: Durchflussmenge Q ≤ 235 l/min	1	1	1
Seilschlauchhalter SH 1600 – H oder SH 1600 – KF	2	2	2

Gegenstand	Stückzahl bei		
	DLA 23/12 DLAK 23/12	DLA 18/12 DLAK 18/12	DLA 12/9 DLAK 12/9
Kupplungsschlüssel ABC	2	2	2
Schlüssel B (für Überflurhydranten)	1	1	1
Feuerwehrleine FL 30-KF mit Feuerwehrleinenbeutel	2	2	2
Verbandkasten K oder Notfalltasche/ -rucksack	1	1	1
Explosionsgeschützte Einsatzleuchte	2	2	2
Warndreieck nach StVZO[c]	2	2	2
Warnleuchte nach StVZO[c]	2	2	2
Warnflagge 500 mm x 500 mm weiß-rot-weiß	2	2	2
BOS-Handfunksprechgerät für den Einsatzstellenfunk	2	2	2
Kettensäge mit Verbrennungsmotor oder mit Elektromotor, Schwertlänge ca. 400 mm mit Zubehör und Ersatzkette	1	1	1
Einreißhaken	1	1	1
Spaltkeil	1	1	1
Auffahrbohle A	2	2	-
Multifunktionales Hebel-/Brechwerkzeug (»Halligan-Tool« o. Ä.)	1	1	1
Spalthammer	1	1	1
Werkzeugkasten mit Fahrgestellwerkzeug und Werkzeugsatz mit Bestückung nach Wunsch des Bestellers	1	1	1
Bügelsäge mit Schnellschnitt-Sägeblatt, 400 mm lang (Baumsäge)	1	1	1
Bolzenschneider (Schneidleistung mindestens 12 mm)	1	1	1

Gegenstand	**Stückzahl bei**		
	DLA 23/12 DLAK 23/12	**DLA 18/12 DLAK 18/12**	**DLA 12/9 DLAK 12/9**
Doppelkanister, gefüllt mit 5 l Kraftstoff für Kettensäge und 2 l Kettenöl	1	1	1
Abgasschlauch, passend zum Fahrzeug	1	1	1
Unterlegkeil[b], Größe abgestimmt auf Reifengröße des Fahrzeuges	1	1	1
Unterlegkeil[c]	1	1	1

a Die Stückzahl der Warnwesten darf auf eine reduziert werden, sofern die Warnwirkung durch die mitgeführte Schutzkleidung sichergestellt ist.

b Zusätzlich zur Normalausrüstung des Fahrgestells.

c Je 1 Warndreieck, 1 Warnleuchte, 1 Unterlegkeil und 1 Wagenheber sind im Fahrzeugzubehör enthalten.

In DIN EN 14043 wird weitere feuerwehrtechnische Beladung angeführt, die auf Wunsch des Bestellers zusätzlich mitgeführt werden darf.

Anhang 5 Empfehlenswerte Zusatzausstattung

Ausrüstung	Anwendung
Je 4 Verkehrsleitkegel und Warnblitzleuchten, 2 Faltsignale »Feuerwehr« (nach Norm sind nur zwei Warndreiecke und eine Warnleuchte nach StVZO vorgesehen)	Absicherung des Hubrettungsfahrzeugs gegen fließenden Verkehr.
Isoliergeräte, Zwei-Flaschen-Gerät	Erspart bei zeitlich ausgedehntem Wenderohreinsatz häufigen Personalwechsel (je nach Brandintensität)
Filtergerät (mind. A2B2E2K2 Hg P3)	Schutz für den Maschinisten auf dem Hauptsteuerstand bei starker Rauchentwicklung
Auf- und Abseilgerät	Einfache Rettungsmaßnahmen aus Höhen und Tiefen bis zu 30 m. Erfordert eine redundante Sicherung gegen Absturz und sollte in Verbindung mit einem Gerätesatz Absturzsicherung verlastet werden.
Gerätesatz Absturzsicherung	Schutz vor Unfällen durch Absturz – Redundanzsystem für das Auf- und Abseilgerät.
Schleifkorbtrage mit Abseilspinne und Rettungstuch zum Umlagern	Ergänzung zum Auf- und Abseilgerät
Rettungsplattform	Für Arbeitshöhen bis 3 m als Ergänzung bei Technischer Hilfeleistung
Drucklüfter (mit Halterung für Rettungskorb)	Ermöglicht Belüftungsmaßnahmen über einen Alternativen Angriffsweg – reduziert Rauchschäden.
Fest verlegte Wasserhochführung im ersten Leiterelement	Erleichtert den Aufbau der Wasserführung im Ausleger
Aufsteck-Kasten für den Korb zur Brandbekämpfung (»Bielefelder Kiste«)	Verlasten von z. B. C-Schlauch, Strahlrohr, Schlauchhalter, Fluchthauben, Feuerwehrleine, Handscheinwerfer
Festpunkte im Rettungskorb mit mindestens 900 N Haltekraft (auch nachrüstbar)	Sicherung der Einsatzkraft mithilfe des Feuerwehrhaltegurtes

Ausrüstung	Anwendung
Laser-Distanzmessgerät	Lasergenaues Ermitteln der erforderlichen Rettungshöhe
HAUS-Regel-Karte	Zusammenfassung und Merkhilfe für Übung und Einsatz, damit Maße und Sicherheitshinweise schnell griffbereit sind
Drehleiter-Punkt	Markieren der Position der Drehkranzmitte
Hohlstrahlrohre C und D	Nachlöscharbeiten ohne Wasserschaden
Windmesser (Anemometer)	Messung der Windstärke und -richtung
Lastöse am ersten Leiterelement (auch nachrüstbar)	Nutzung für ein Auf- und Abseilgerät, Umlenkung für Absturzsicherung
Sonnenbrille für Maschinisten des Hubrettungsfahrzeugs	Ermöglicht ein sicheres Arbeiten auch bei starker Sonneneinstrahlung/Gegenlicht
Höhenmessstab	Messstab ist so lang, wie das Hubrettungsfahrzeug hoch ist. Damit können unbekannte Tor-Durchfahrten ausgemessen werden.
Druckluftabgang und 15 m Druckluftschlauch	Anschluss für eine Druckluftpistole, z. B. um den Rettungskorb von Sägespänen zu säubern
Elektro-Kettensäge	Einfache Handhabung im Rettungskorb
Druckbegrenzungsventil	Vermeidung von pumpenseitigen Druckschwankungen bei der Brandbekämpfung über Wasserwerfer aus dem Rettungskorb